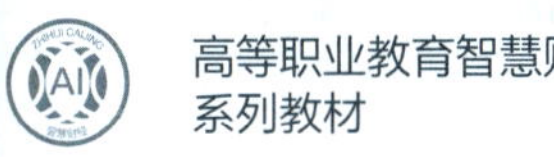

高等职业教育智慧财经系列教材

高等职业教育校企“双元”合作开发教材

icve 智慧职教 高等职业教育在线开放课程配套教材

大数据技术应用基础

DASHUJU JISHU YINGYONG JICHU

主 编 练 金 苏重来 杨 莉

本书另配：智慧职教MOOC
教学课件
程序代码
微课视频
教　　案
课程标准
参考答案

中国教育出版传媒集团
高等教育出版社·北京

内容提要

本书是高等职业教育智慧财经系列教材之一，是新型活页式教材。

本书以理论和实践相结合的方式，介绍了大数据思维方式、Python基础应用知识和Python数据分析方法，为深入应用大数据技术奠定基础。本书共包括七个项目：大数据认知、Python程序设计基础认知、数据采集、数据预处理、数据分析、数据可视化分析、市场分析工程实践案例分析。各项目均配备典型例题，诠释代码的运用。为了利教便学，部分学习资源（如动画视频、微课视频、操作录屏）以二维码形式提供在相关内容旁，可扫描获取。此外，本书另配有教学课件等教学资源，供教师教学使用。

本书不仅可以作为高等职业院校财会类专业大数据基础课程教材，还可以作为各相关培训机构的大数据培训教材，亦适合大数据爱好者自学使用。

图书在版编目(CIP)数据

大数据技术应用基础 / 练金，苏重来，杨莉主编
.—北京：高等教育出版社，2024.1
ISBN 978-7-04-061065-9

Ⅰ.①大… Ⅱ.①练… ②苏… ③杨… Ⅲ.①数据处理—高等职业教育—教材 Ⅳ.①TP274

中国国家版本馆CIP数据核字(2023)第163673号

策划编辑 钱力颖 **责任编辑** 钱力颖 **封面设计** 张文豪 **责任印制** 高忠富

出版发行	高等教育出版社	**网　　址**	http://www.hep.edu.cn
社　　址	北京市西城区德外大街4号		http://www.hep.com.cn
邮政编码	100120	**网上订购**	http://www.hepmall.com.cn
印　　刷	上海华教印务有限公司		http://www.hepmall.com
开　　本	787 mm×1092 mm 1/16		http://www.hepmall.cn
印　　张	12.75		
字　　数	298千字	**版　　次**	2024年1月第1版
购书热线	010-58581118	**印　　次**	2024年1月第1次印刷
咨询电话	400-810-0598	**定　　价**	42.00元

物 料 号 61065-00

编写委员会

主　审：叶如舟

主　编：练金　苏重来　杨莉

副主编：马锁生　刘露民　周建军　古今　王国龙　刘亚男

参　编：杨进　刘创　封琳琳　刘星宇　麦全发

前言

大数据是海量数据的集合，是信息时代的产物，它对推动经济和社会的发展起着重要的作用。目前，大数据已经成为各国政府和企业的重要战略资源，与计算机和互联网一样，大数据已经成为新技术革命的重要标志之一。

根据教育部《职业教育专业目录（2021 年）》《职业教育专业简介（2022 年修订）》，“大数据技术应用基础”是财务会计类专业中大数据与会计专业的专业基础课程。本书贯彻党的二十大精神，符合国家大数据战略，以理论和实践相结合的方式，将大数据思维方式、Python 的基础知识和 Python 数据分析方法进行介绍，使学生对大数据领域的知识及技术有初步了解，同时也为后期深入学习大数据技术奠定坚实的基础。本书包含详细的理论、典型的案例以及大量的实训，配有智慧职教在线课程“大数据技术应用基础”，既方便教师授课，又能够极大地激发学生的学习积极性和创造性。

本书主要具有如下特色：

1. 融入课程思政，落实立德树人

为了落实立德树人根本任务，本书各项目均设置“学习目标”栏目，该栏目对学生相应的职业素养提出要求，并结合我国大数据发展战略、大数据技术在乡村振兴战略中的积极作用、国家发展和安全大局、大数据对于政务服务效率提升等内容将党的二十大精神进行融入，激发学生的责任担当意识，了解学习大数据技术对于社会发展的重要性。

2. 对接最新技术，顺应发展趋势

大数据对促进经济发展与社会变革、提升国家整体竞争力的作用日趋重要，发展大数据已上升至国家战略高度。本书立足专业建设需要，围绕大数据相关技术及行业应用进行介绍，并在每一项目设置相关主题的单项或综合实训，由此紧密对接新时代人才培养新要求，服务经济社会发展和产业转型升级。

3. 采用“理实一体”的项目化设计

本书通过合理的任务设计和丰富的实务案例，将知识和技能融为一体，辅助教师更好地进行讲解和引导，在每一个项目中融合了生活化的Python案例，使学生在掌握相关技能的同时能够巩固所学知识。

本书以大数据技术的理论与应用体系为依据，将学习内容划分为七个项目，项目一介绍了大数据的基础知识以及大数据工具，项目二系统地讲解了Python语法的基础知识，项目三至项目六按照“数据采集—数据预处理—数据分析—大数据可视化”的顺序引导学生深入了解和学习Python应用流程。项目七通过市场分析工程实践案例，使学生在上机操作的过程中巩固所学知识，进一步拓展大数据应用思路，提升综合素养。

本书以职业活动为主线，将每个项目按照知识点划分为具体的任务，按照“问题引入—认知实践—探讨实践—拓展训练”来设计，形成一个完整的工作过程，从而达到融会贯通的效果。

4. 构建“新型活页式”立体教材

本书采用了新型活页式立体教材设计，以职业能力为引导，教学内容突出实用性和实践性，体现了真实工作过程，并以图文并茂的方式进行呈现。部分内容配备二维码，通过扫码即可学习，使得教学内容更加容易理解、生动有趣，教师教学时可以根据实际情况调整授课难度，实现多层次教学。

由于编者水平有限，书中难免存在疏漏之处，敬请广大读者批评指正。

编 者

2023年12月

目　录

资源导航

项目一 大数据认知

学习目标

● **能力目标**

1. 掌握大数据的概念与特征，做好数据分析的全面准备工作；
2. 了解大数据分析工具的基本使用方法；
3. 掌握根据学习需要查阅相关资料的方法。

● **素养目标**

1. 养成用大数据思维看待问题的习惯；
2. 养成分析事物的客观、敏感的职业思维。

知识图谱

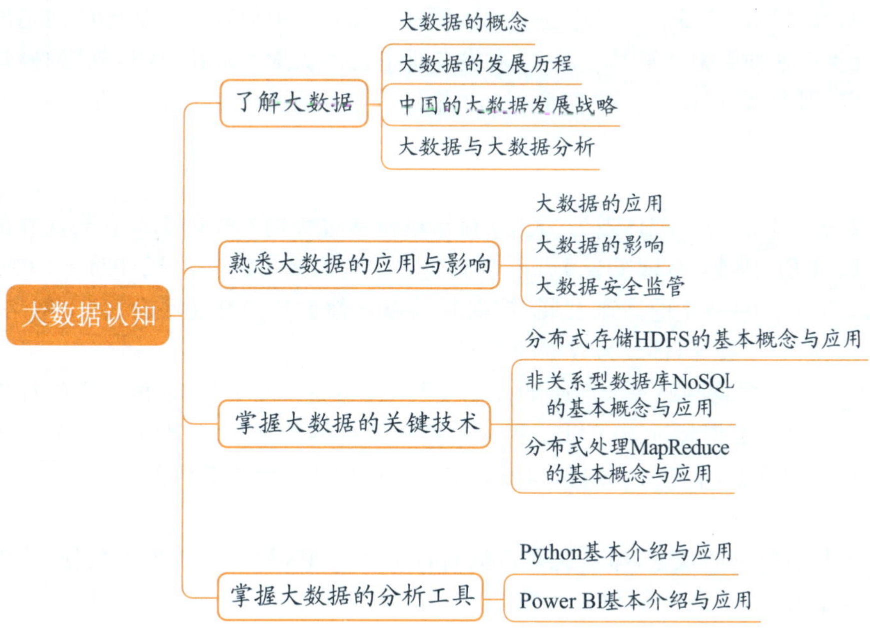

项目背景

在当今数据驱动的世界中，企业和组织每天都会生成大量的数据。从这些数据中提取见解和知识的能力对于作出明智决策并指导未来操作至关重要。大数据已成为各国政府和企业的重要战略资源，与计算机和互联网一样，大数据已经成为新技术革命的重要标志之一。认识大数据、学习相关大数据知识的必要性不言而喻。

作为大学生的小张也不甘落后，想要深入学习大数据的相关知识，并选用合适的大数据分析工具完成对实际问题的探索与研究。

任务一　了解大数据

【问题引入】

小张刚刚接到一个任务：要他选定一个电商平台，以茶叶行业为研究对象，进行初步市场调研。小张想对茶叶市场进行全面调研，尽可能多地获取行业数据。但由于所学知识不足，因此小张决定向老师请教，通过学习大数据知识来完成此项任务。

【认知实践】

一、大数据的概念

直观地看，大数据是指无法在一定时间内用常规软件工具对其内容进行抓取、管理和处理的数据集合。虽然处理超过单个计算机的计算能力或存储的数据的问题并不新鲜，但近年来这种类型计算的普遍性、规模和价值已经大大扩展。“大数据”的确切定义很难界定，因为项目管理者、供应商、从业者和商业专业人士使用它的方式完全不同。考虑到这一点，一般来说，大数据具备以下特征：

（一）数据量大

大数据的特征首先就体现为“大”。存储单位从过去的 GB 到 TB，直到现在的 PB、EB 级别。1 PB 等于 1 024 TB，1 TB 等于 1 024 G，那么 1 PB 等于 1 024×1 024 个 G 的数据。随着信息技术的高速发展，数据开始爆发性增长。社交平台、移动网络，各种智能工具、服务工具等，都成为数据的来源。

8 亿会员的购物网站每天产生的商品交易数据超过 50 TB，10 亿用户的社交平台每天产生的日志数据超过 300 TB。因此迫切需要智能的算法、强大的数据处理平台和新的数据处理技术，来统计、分析、预测和实时处理如此大规模的数据。

（二）数据类型繁多

如果只有单一的数据，那么这些数据就没有了价值，如单一的个人数据，或者单一用户提交的数据，都还不能称为大数据。广泛的数据来源，决定了大数据形式的多样性。例如，当前的上网用户中，年龄、学历、爱好、性格等每个人的特征都不一样，这也就是大数据的多样性。如果扩展到全国，那么数据的多样性会更强，每个地区、每个时间段，都会存在各种各样的数据。

（三）处理速度快

通过算法对数据的逻辑处理速度非常快，可从各种类型的数据中快速获得高价值的信息，这一点也是现代大数据和传统数据挖掘技术的本质区别。

大数据的产生非常迅速，主要通过互联网传输。生活中每个人都离不开互联网，也就是说每个人每天都在向大数据提供大量的资料。并且这些数据是需要及时处理的，因为花费大量资本去存储作用较小的历史数据非常不划算，一个平台也许保存的只有过去几天或者一个月之内的数据，再远的数据就要及时清理，否则代价太大。

基于这种情况，大数据对处理速度有非常严格的要求，服务器中大量的资源都用于处理和计算数据，很多平台都需要做到实时分析，数据无时无刻不在产生，谁的处理速度更快，谁就占有优势。

（四）价值密度低

相较于传统的小数据，大数据最大的价值在于通过从大量不相关的各种类型数据中，挖掘出对未来趋势与模式预测分析有价值的数据，并通过机器学习方法、人工智能方法或数据挖掘方法深度分析，发现新规律和新知识。

如果有了 1 PB 以上的全国所有 20 岁至 35 岁年轻人的上网数据，通过分析这些数据，就可以知道这些人的行为习惯、爱好等，进而指导产品的发展方向，那么这些数据就有了商业价值。如果有了几百万病人的医疗保健数据，并根据这些数据进行疾病的预测与分析，那么这些数据同样具有了价值。这些都是大数据的价值。

大数据在诸如农业、金融、医疗、物流、教育等各个领域中得到广泛应用。通过对各个领域的大数据进行分析和处理，继而指导决策，最终达到改善社会治理、提高生产效率、推进科学研究的效果。

二、大数据的发展历程

“大数据”一词最早可以追溯到 1980 年，未来学家托夫勒在其所著的《第三次浪潮》一书中，首次提出“大数据”一词，将大数据称赞为“第三次浪潮的华彩乐章”。随后，《科学》（*Science*）杂志发表了一篇题为《大数据科学的可视化》的文章，此时大数据的含义仅限于数据量的巨大。

进入 21 世纪后，互联网行业发展速度加快，2001 年，美国 Gartner 公司率先开发了大型数据模型。2005 年，Hadoop 技术应运而生，成为数据分析的主要技术。2007 年，数据密集型科学的出现，不仅为科学界提供了一种新的研究范式，还为大数据的发展提供了科学依据。2008 年，《科学》杂志推出了一系列大数据专刊，详细讨论了一系列关于大数据的问题。在这一阶段，“大数据”作为一个新名词，开始受到理论界的关注，其概念和特点得到进一步丰富。相关的数据处理技术层出不穷，大数据开始显现出活力。

动画视频：大数据的发展历程

2010 年以后，大数据应用渗透到各行各业，数据驱动决策，信息社会智能化程度大幅提高。2013 年，以百度、阿里、腾讯为代表的国内互联网公司各显身手，纷纷推出创新性的大数据应用。2015 年 9 月，国务院发布《促进大数据发展行动纲要》，提出要全面推进我国大数据的发展和应用，进一步提升创业创新活力和社会治理水平。2021 年 11 月，工业和信息化部发布了《“十四五”大数据产业发展规划》，明确提出大数据产业是以数据生成、采集、存储、加工、分析、服务为主的战略性新兴产业，是激活数据要素潜能的关键支撑，是加快经济社会发展质量变革、效率变革、动力变革的重要引擎。

三、中国的大数据发展战略

2015 年，党的十八届五中全会首次提出“国家大数据战略”。近些年来，我国在政策、人才、资金等方面持续加码，为大数据后续发展注入强劲动力。政策方面，中央、地方发布一系列支持文件，对大数据产业、数字技术、数据要素市场、数据安全等方面进行了重点部署。2021 年发布的《“十四五”大数据产业发展规划》明确了未来 5 年大数据产业发展工作的行动纲领。2022 年，党中央、国务院先后通过《要素市场化配置综合改革试点总体方案》《关于加快建设全国统一大市场的意见》《关于构建数据基础制度更好发挥数据要素作用的意见》等文件，多次强调了释放数据要素价值对于我国发展的必要性、紧迫性，为我国大数据发展提供了良好的政策环境和明确的发展目标。在 2022 年 6 月召开的中央全面深化改革委员会第二十六次会议中，习近平总书记强调，数据基础制度建设事关国家发展和安全大局，要维护国家数据安全，保护个人信息和商业秘密，促进数据高效流通使用，赋能实体经济，统筹推进数据产权、流通交易、收益分配、安全治理，加快构建数据基础制度体系。

四、大数据与大数据分析

大数据最大的价值在于从大量不相关的各种类型的数据中，挖掘出对未来趋势与模式预测分析有价值的数据。由此可见，只有通过分析才能获取更多深入的、有价值的信息。大数据分析流程对于技术人员与数据分析师的应用有些许不同。

对技术人员来说，大数据分析流程可大致分成以下几个步骤：数据采集、数据的存储与管理、数据预处理、数据计算和数据应用，如图 1-1 所示。

动画视频：大数据与大数据分析

图 1-1　技术人员的大数据分析流程

大数据时代的到来使得原先的技术手段已不能满足需求，以数据存储为例，分布式存储已经慢慢成为大数据存储的主流方式。最大的原因就是分布式存储的应用成本较低、灵活度较高，能解决普通的磁盘阵列解决不了的问题。

与技术人员不同，数据分析师在实际工作中需要对项目负责，并给出具有参考价值的分析报告，因此数据分析师往往更关注项目中数据对象是谁；商业目的是什么；要解决什么样的业务问题。数据分析师的大数据分析流程可分为以下 4 步：需求分析与明确目标、数据收集与加工处理、数据分析与数据展现以及提炼价值并撰写分析报告。

【探讨实践】

根据所学习的内容，请同学们结合实际找出体现大数据特征的应用实例。

【拓展训练】

假设要对某茶叶公司进行大数据分析，请同学们结合所学内容与自身实际情况，思考：需要提前了解哪些内容，掌握哪些技能？

任务二　熟悉大数据的应用与影响

【问题引入】

“大数据”一词不仅深入千家万户的生活，更成为重要的国家发展战略。那么大数据给普通老百姓的生活到底带来了哪些影响？体量如此之大的“大数据”又是如何确保其安全性的呢？作为大学生的小张不免又想到，将来走上工作岗位后是否又会受此影响？

【认知实践】

一、大数据的应用

（一）大数据在金融领域的应用

互联网基础设施的完善，数据信息的积累、理论算法的优化和计算能力的提升，极大地推动了金融业在内的经济社会各行各业快速实现智能化和数字化。大数据在金融领域的融合发展和广泛应用，不仅为建立现代化经济体系打下了基础，还加速了新时代金融业的升级和转型。大数据金融有着传统金融难以比拟的优势。互联网的迅速发展不仅极大扩展着企业拥有的数据量，还使得企业能够更贴近客户，了解客户需求，实现非标准化的精准服务，增加客户黏性；企业通过自己的征信系统实现信用管理的创新，有效降低坏账率，扩大服务范围，增加对小微企业的融资比例，降低运营成本和服务成

动画视频：大数据的应用与影响

本，可以实现规模经济。大数据能够通过海量数据的核查和评定，增加风险的可控性和管理力度，及时发现并解决可能出现的风险点，对于风险发生的规律性有精准的把握，将推动金融机构进行更深入和透彻的数据分析。传统模式下，虽然银行有很多支付流水数据，但数据分属于不同部门，无法有效整合，大数据金融的模式促使银行开始对沉积的数据进行有效利用。大数据将推动金融机构创新品牌和服务，对客户进行个性定制，利用数据开发新的预测和分析模型，实现对客户消费模式的分析以提高客户的转化率，做到精细化服务。

例如，以银行为代表的金融机构使用大数据技术构建金融反欺诈模型，对信用卡盗刷进行及时预警，避免持卡人或者金融机构遭受经济损失；为了降低不良贷款率，保障资金安全，提高风险控制水平，金融机构往往会根据客户的信用历史资料并结合大数据技术建立信用评分卡模型，同时为客户进行信用评级，提前预估客户按时还款的可能性，对是否向客户发放贷款等进行决策；同样地，金融机构不仅会在放贷前进行审核，在贷款合约生效中进行管理，还会在贷后通过海量数据对客户进行违约风险评估，对风险情况进行监控。

（二）大数据在新零售领域的应用

国内电商零售市场的竞争日渐激烈，几大电商领域的巨头瓜分着市场份额。为顺应零售市场的多样变化与需求，2016 年一些企业以互联网为依托，通过运用大数据、云计算、人工智能等先进技术手段，对商品的生产、流通与销售过程进行升级改造，进而重塑业态结构与生态圈，形成了对线上服务、线下体验以及现代物流进行深度融合的零售新模式。

例如，大数据技术与算法模型的优化可满足消费端的消费升级需求，从根本上实现精准营销，大幅减少线上资源过多投入造成的资金浪费，有利于线下成本的减少和利润的提高，进而增加企业的商业价值。同时，对大数据的管理与应用实现了供给端与需求端的数据整合、数据分析、智慧预测的全部流程，能够及时把消费者的消费动向以信息的形式分享至全产业链中各利益主体，使其第一时间全面了解商品供应链动态进程，并据此生产出适销对路的商品和提供相应的服务，最大化地减小生产和服务成本，同时也满足了消费者的个性化需求，使企业获取更多利润，最终实现价值创造。此外在商品配送中，实行“门店—仓库”一体化的就近配送模式，能够从根本上减少库存储量和资源成本，同样有利于企业商业模式的价值实现。

（三）大数据在娱乐领域的应用

互联网每天都在产生海量信息，用户行为数据呈爆发式增长。用户可能有直接和明确的需求，但也可能是在漫无目的地搜寻。智能推荐系统可以通过分析用户的浏览次数、浏览时间、点击率等指标，挖掘用户感兴趣的内容或商品，然后进行个性化推荐。如果推荐的内容或商品能高效匹配用户的需求，就能优化用户体验，提高用户黏性，创造额外收入。智能推荐系统的应用场景极为广泛，例如，当用户看过某电影后，电影网站会为用户推荐类似的电影。

与之类似的还有短视频、直播等平台。以抖音社交软件为例，近年来短视频的内容开始向多元化发展，从泛娱乐化发展到新闻、生活和学习等。伴随用户对短视频阅览习惯的养成，短视频的用户群体逐渐细化。一方面，平台抓住短视频这一发展热点，利用大数据和云计算，分析用户日常观看短视频的习惯，准确计算和分析用户的兴趣，并以

此为依据向用户推送其感兴趣的短视频；另一方面，社交平台抓住用户地方文化情结，利用区域化特色内容打动用户，增加用户黏性。

(四) 大数据在乡村振兴中的决策支持

乡村振兴战略的总要求是“产业兴旺、生态宜居、乡风文明、治理有效、生活富裕”。习近平总书记又特别强调，必须通过乡村产业振兴、人才振兴、文化振兴、生态振兴、组织振兴扎实推进乡村振兴战略的落实。乡村振兴战略是一项复杂的系统工程，涉及的要素繁多复杂，既涉及物流、人流、资金流、技术流、信息流，又涉及文化流和政策流等多个要素，乡村振兴战略规划与决策问题面临的农业、农村和农民相关的数据和信息浩如烟海。因此，人们必然需要通过多个要素、多种信息的有机融合和大数据的有效利用来实现乡村振兴系统的整体功能。

信息化作为促进信息交流和知识共享的重要手段之一，对科学技术在农业领域的推广应用具有积极意义，当然也有助于乡村振兴战略的实施。国务院印发了《促进大数据发展行动纲要》，明确提出要建立“用数据说话、用数据决策、用数据管理、用数据创新”的管理机制，实现基于数据的科学决策，足以看出国家政府对大数据的高度重视。

由于大数据包含的数据巨量化和多样化，因此大数据的发展为农业科技信息的有效传递提供了历史性机遇，也给乡村振兴战略实施带来了许多挑战。大数据技术在乡村振兴战略规划与决策中的应用不仅是乡村振兴过程中客观的现实需求，也是促进乡村振兴战略顺利实施的有效途径，政府、企业以及新型经营主体已在主观认知上对此达成共识。

对于乡村振兴发展而言，大数据技术能够发挥出非常重要的作用，而且优势明显。特别是近几年以来，信息技术的快速发展为大数据技术的应用创造了良好的条件，当今时代，管理、决策等都无法离开大数据。例如，利用智能感知技术识别农村居民及游客对公共服务、服务类型的需求量，以优化公共服务设施的布局，强化服务供给质量；又如可以借助大数据对农村河流水质进行监控，对污染源进行分析，以便及时采取有效措施防治河流污染，改善乡村环境。由此可以看出，通过积极运用大数据技术，能够为乡村振兴注入更加强劲的动力。

二、大数据的影响

“大数据”这一概念的提出以及相关技术的发展影响了社会的方方面面。例如，高校相继开设大数据相关专业，就业市场中大数据相关的人员缺口增大，大数据决策成为一种新的决策方式，国家在大数据相关的政策、人才、资金等方面给予了大力支持等。

(一) 对人才培养的影响

人才培养方面，大部分“双一流”高校设立大数据相关专业，多省份积极开展相关人才培育专项行动，人才供给能力显著增强。有关方面统计，截至 2023 年 4 月，全国本科院校中，有 730 所开设了数据科学与大数据技术专业，专科和高职院校中，有 753 所开设了大数据技术专业。根据上海软科统计，大数据专业热度已经超过软件工程等传统热门专业。

此前，按照“十四五”国家经济社会发展和 2035 年远景目标对职业教育的要求，教育部发布了《关于印发〈职业教育专业目录(2021 年)〉的通知》，在通知中财经类专业许多都被冠名“大数据”，例如，会计专业更名为“大数据与会计”专业。随着技术的发展，财务流程化的操作可能会被“机器”所替代，但对会计人才而言，更多的是转型发展。在大数据时代背景下，会计未来发展的方向包括数据挖掘师、数据分析师和数据结构师，要从业务大数据中，获取信息、挖掘价值，为企业决策提供最有力、最权威、最核心的信息。“最热专业”亟须转型升级，高校要抓准会计教育内在规律，在与企业合作育人过程中注重新方法、新技术、新场景的引入，培养符合市场需求的综合性财会人才。

各省也在积极开展大数据人才培育专项行动，例如，广东省实施“十万”产业数字化符合性人才培训行动，上海市要求各级党校（行政学院）要增加大数据与城市数字化转型的培训内容，浙江省围绕数字人才制定“高精尖缺”人才目录，江苏省搭建“智改数转”人才智库平台，福建省明确要求县级以上地方人民政府制定大数据人才发展计划。

（二）对就业市场的影响

近年来，5G、互联网、云计算、大数据等信息技术在经济社会各领域的广泛应用，带动了数字经济的蓬勃发展。据统计，我国数字经济领域就业人数超两亿人。数字经济吸纳就业的能力持续增强，对就业市场和就业行为的影响愈发深远。数字经济与实体经济的融合，主要表现为大数据、互联网等技术手段对传统经济的根本性变革，从而提升实体经济的劳动生产率和全行业的利润水平。同时，数字技术迭代升级快的特点也倒逼就业者不断通过有组织的培训或者常态化的自学来提升工作技能，使自身可以胜任新的岗位要求，推动新技术的快速推广应用，就业者的自觉学习与岗位需求之间的互动最终形成了良好的就业市场生态。

另外，数字经济的发展在很大程度上提高了就业的普惠性、便利性。数字经济就业吸纳能力强，新就业形态容量大，部分岗位的门槛较低；因此为大量低技能劳动者、就业困难群体实现就业提供了机会，也有助于实现社会公平。

（三）对社会发展的影响

大数据决策逐渐成为一种新的决策方式以及提升国家治理能力的新途径。大数据应用有力地促进了信息技术与各行业的深度融合，大数据开发大大推动了新技术和新应用的不断涌现。工业和信息化部在 2021 年发布的《“十四五”大数据产业发展规划》中提到，要加快推进社保经办数字化转型，通过科学建模和分析手段，开展社保数据挖掘和应用工作，为参保单位和个人搭建数字全景图，支撑个性服务和精准监管。建设社保大数据管理体系，加快推进社保数据共享。健全风险防控分类管理，加强业务运行监测，构建制度化、常态化数据稽核机制。

同时，该文件还提到城市安全大数据。要建设城市安全风险监测预警系统，实现城市建设、交通、市政、高危行业领域等城市运行数据的有效汇聚，利用云计算和人工智能等先进技术，对城市安全风险进行监控监测和预警，提升城市安全管理水平。

（四）对日常生活的影响

随着大数据技术与互联网的发展，生活中的大小事情都可以通过手机完成。自助缴水、电、燃气、电视费，手机充值、违章查询、公积金查询、手机 APP 开发票、查询法院案子进展等。某省的手机政务 APP 截至 2022 年 6 月 25 日，已汇聚 3 638 项全省统一的政务服务事项、1 500 项便民惠企服务、40 件多部门联办“一件事”。此外，围绕老年用户需求，该 APP 还上线了“长辈版”，色彩更温暖、引导更清晰、办事更简单。在功能上，“长辈版”强化了语音服务能力，支持老年用户一键拨打政务服务热线、方言搜索、资讯

慢速朗读，实现政府服务可听可及。这是运用大数据保障和改善民生的典型事例。此外，大数据还能运用到智能家居中，如智能照明体系等。

三、大数据安全监管

工业和信息化部于2022年12月正式发布《工业和信息化领域数据安全管理办法（试行）》（以下简称《数安办法》），自2023年1月1日起施行。在此之前，该部门先后于2021年9月30日、2022年2月10日两次就该办法草案公开征求意见。

根据工业和信息化部的起草说明，《数安办法》全面对接《中华人民共和国数据安全法》（以下简称《数据安全法》）要求，定位为工业和信息化领域数据安全管理的顶层设计，在工业和信息化领域对国家数据安全管理制度进行细化，为行业数据安全监管提供制度保障。

《数安办法》总共八章四十二条，主要内容涵盖法律适用、分类分级、重要数据与核心数据特殊保护、数据生命周期合规要求、数据安全认证与评估等。根据起草说明及《数安办法》附则，个人信息作为数据的一种，工业和信息化领域的个人信息保护除适用于个人信息保护有关的法律法规之外，还适用于《数安办法》有关规定。

2021年《数据安全法》和《中华人民共和国个人信息保护法》（以下简称《个人信息保护法》）颁布以来，数据安全监管要求逐渐落地，国家、行业、地方相继颁布了一批数据安全方面的配套性政策文件，数据安全体系建设进程明显提速，数据安全供应能力不断增强，数据安全产业生态各个方面都呈现快速发展态势。相信在我国海量数据和丰富应用场景优势的驱动下，我国大数据行业终将披荆斩棘，助力数字经济高质量可持续发展，在全面建设社会主义现代化国家的征程中发挥至关重要的推动作用。

【探讨实践】

数据安全是一件不容忽视的事情，数据泄露会影响企业经营和信用。请同学们分析企业应从哪些方面做好数据的安全保障。

【拓展训练】

小张发现大数据及相关技术影响了生活的方方面面，除了上文提到的应用之外，还有哪些生活中的应用？

任务三　掌握大数据的关键技术

【问题引入】

在了解了大数据的应用以及它带来的影响之后，小张又有了新的疑惑，面对如此庞大的数据量，需要使用怎样的技术来储存、管理以及处理它呢？是像我们家用 Windows 或者 Mac 系统的电脑一样将其直接储存在硬盘里吗？这样接下来就能高效地运行了吗？

【认知实践】

一、分布式存储 HDFS 的基本概念与应用

Hadoop 分布式文件系统（HDFS）是指被设计成适合运行在通用硬件（commodity hardware）上的分布式文件系统（distributed file system）。HDFS 最显著的特点是能将非常大的文件和数据集以一种可靠的、高容错的形式存储在商用硬件集群上。它将数据存储在多台计算机中，这些计算机被组织到一个群集中，并提供对此数据的高吞吐量访问。HDFS 通过在集群中的多个节点之间复制数据来实现高容错性，确保如果一个节点发生故障，仍然可以从另一个节点访问数据。HDFS 被许多大数据应用程序使用，如批处理、数据仓库等。HDFS 是 Hadoop 生态系统的核心组件，应用在许多大数据处理框架中。

下面通过一个简单的例子来更好地理解分布式储存 HDFS。

微课视频：大数据的关键技术

假设小李经营了一个颇具规模的茶叶品牌，由于产品数量大，为了能快速地配送产品，小李在全国各地都建设了储存仓库。为了调度这些仓库，小李选择建立一家公司总部，负责管理协调各个仓库产品的调度，为了区分这些仓库，小李给每个仓库设置了一个编号或者使用其他方法取了一个独一无二的名字。现在，有人向小李订购了 500 千克茶叶，并需要发往几个不同的地方。那么从收到订单到发货的全过程就应该是这样的：订购者通过业务人员向公司总部发起订单，公司总部的调度人员获取订单信息后，向所要发往地址最近的几个仓库下达发货指令，收到指令的仓库开始分装配送，顾客陆续收到仓库配送的茶叶，当顾客的 500 千克茶叶全部收货以后，向总部发送确认收货的信息完成订单。在 HDFS 中，各个仓库相当于数据节点，起到储存数据的功能；公司总部相当于名字节点，起到管理数据节点的功能；不同仓库的独特命名相当于块，保证名字节点下达对象的准确；订购者相当于客户机，可以在系统中读写数据。

二、非关系型数据库 NoSQL 的基本概念与应用

NoSQL，泛指非关系型的数据库。随着互联网 web2.0 网站的兴起，传统的关系型数据库在处理 web2.0 网站，特别是超大规模和高并发的 SNS 类型的 web2.0 纯动态网

站出现了很多难以克服的问题，已经显得力不从心，非关系型的数据库则得到了非常迅速的发展。NoSQL 的产生就是为了应对大规模数据集和多重数据种类带来的挑战，特别是应对大数据应用难题。

假如小李因签下了一笔大订单欲在家中和朋友聚餐庆祝，餐前小李想要记录谁带了什么菜，他可以把所有信息写在一张纸上，但如果参加聚会的人越来越多，想要删改纸上的内容就没那么方便了。这时 NoSQL 就派上了用场。小李可以使用 NoSQL，以更灵活和可扩展的方式存储信息，而不是使用传统的关系型数据库，因为关系型数据库需要将数据按照严格的规则写入表中。例如，小李可以将每道菜存储为一个单独的文档，其中包含关于这道菜的信息和对应的人员信息。通过这种方式，小李在安排菜单时可以根据需要轻松地添加或删除菜肴。因此，在这种情况下，NoSQL 就像聚会上的自助餐桌，小李可以根据需要添加和删除菜肴，而不必担心影响数据结构或者餐桌设置。

NoSQL 是一种不同于关系型数据库的管理系统设计方式，是对非关系型数据库的统称，它所采用的数据模型并非传统的关系型数据库的关系模型，而是类似键/值、列族、文档等非关系模型。

NoSQL 没有固定的表结构，通常也不存在连接操作，也没有严格遵守 ACID 约束，因此，与关系数据库相比，NoSQL 具有灵活的水平可扩展性，可以支持海量数据存储。

NoSQL 的种类多，以不同的储存类型来分类有列储存数据库，代表有 HBase 和 Cassandra 等，文档储存数据库代表有 MongoDB 和 CouchDB 等，键值对储存数据库代表有 Tokyo Cabinet 和 Redis 等。

三、分布式处理 MapReduce 的基本概念与应用

MapReduce 是一种编程模型，用于大规模数据集（大于 1TB）的并行运算。概念“Map（映射）”和“Reduce（归约）”是它的主要思想，源自函数式编程语言并兼具了矢量编程语言的特性。它极大地方便了编程人员在不会分布式并行编程的情况下，将自己的程序运行在分布式系统上。当前的软件实现是指定一个 Map（映射）函数，用来把一组键值对映射成一组新的键值对，指定并发的 Reduce（归约）函数，用来保证所有映射的键值对中每一个共享相同的键组。

同样以茶叶的例子来理解 MapReduce。

假如，小周家世代以茶为生，他每天采茶、晾茶、炒茶，制作的茶叶在当地广受好评。有一天，一个客户品尝了小周家的茶叶后很满意，希望能从小周家订购大批量的茶叶。单靠小周自己干活无法供应如此大数量的茶叶，于是小周就雇佣工人，小周负责提供茶树树苗以及土地，工人劳动。到了收获的季节，工人们采摘并完成制茶后，由小周统一包装出售。现在我们通过这个例子来理解 MapReduce，原来小周自己完成制作茶叶的全流程，相当于在一台计算机上完成一个完整的程序，后来每个雇佣的工人相当于一台计算机，工人们实现的功能就是种植茶树并采茶晾茶，这就是 Map；小周向工人们投入茶树树苗与土地，工人们采摘、晾晒好茶叶，茶树树苗与土地就是原来的键值对，通过 Map 之后得到了晾晒好的茶叶这一新的键值对。当然，小周还可以投入不同种类的茶树苗，这样他会得到不同种类的茶叶。而在 Reduce 阶段，小周将所有 Map 得到的茶叶都包装出售，这就是规约的过程，是对所有 Map 结果汇总聚合的结果。

【探讨实践】

小张明白了大数据的几项关键技术，这些关键技术对生活有什么影响？

【拓展训练】

小张在查找资料的过程中发现大数据技术其实远不止于此，还有哪些上文没提到的大数据技术？

任务四　掌握大数据的分析工具

【问题引入】

小张意识到自己仅仅了解大数据储存管理及处理技术是不够的，还需要掌握一些大数据的分析工具，他在网上查找资料的时候发现可用于大数据分析的工具有很多，不仅有常见的 Excel，还有许多岗位都要求的 Python 和 Power BI 等。

好学的小张又找到老师寻求帮助，希望能在老师的指导下，对这些原本不熟悉的软件有一个基本认识，然后选定一个工具详细学习。

【认知实践】

一、Python 基本介绍与应用

在此之前，你可能已经听说了许多计算机程序设计语言，如面向过程的 C 语言、面向对象的 JAVA 和 C++等。这里要介绍的 Python 是另一门在数据分析中非常受欢迎的计算机编程语言。

首先，Python 十分简单、易学易读，对编程新手十分友好。Python 是一种代表“简单主义思想”的计算机编程语言，自带十分简单的说明文档，新手可以随时学会各种代码的用法，其强制缩进的规定使得其风格清晰整洁且美观，阅读一个良好的 Python 程序就感觉像是在读英语文章一样，它使你能够专注于解决问题而不是去搞明白语言本

身。其次，Python 是免费且开源的，使用者可以自由地查看 Python 的源代码并修改。最后，Python 拥有丰富的库。Python 标准库很庞大，它可以帮助用户处理各种工作，包括正则表达式、文档生成、单元测试、线程、数据库、网页浏览器、CGI、FTP、电子邮件、XML、XML-RPC、HTML、WAV 文件、密码系统、GUI(图形用户界面)、Tk 和其他与系统有关的操作，这被称作 Python 的“功能齐全”理念。除了 Python 标准库之外，还有许多其他高质量的库，如 wxPython、Twisted 和 Python 图像库等，数据分析的绝大多数流程都可以通过这些丰富的库来完成。

总的来说，Python 是一种免费、自由的编程语言，既简单又强大，广泛应用于数据分析、数据挖掘、数据可视化等场景，是一款强大的数据分析、数据挖掘工具，Python 之父 Guido van Rossum 在宣传 Python 时说道：“Life is short, You need Python”。

Python 的应用场景非常广，例如，在物流运输领域，可以获取各种路况以及交通工具的信息进行建模，规划效率最高的运输路线，为物流运输减少成本，节约时间，为市政道路规划提供高效优质服务；在电商领域，可以通过获取用户的历史信息，建立模型进行用户画像，提供给用户可能心动的产品组合。这不仅可以帮助用户更好地挑选到心仪的产品，还能帮助商户更好地匹配用户人群以改进产品并提高销量；在各种商业分析的场景中，Python 还可以展现强大的可视化功能，绘制各种清晰美观的图表，给分析者带来更大的便利；在农业领域，Python 可以实现目标检测的功能，及时辨识作物上的害虫，如在桑树上辨识是蚕还是其他害虫，以实现对害虫的及时防治，保证农作物的健康，防止因为虫害导致农业减产。

二、Power BI 基本介绍与应用

微软的 Power BI 是一系列的软件服务、应用和连接器，这些软件服务、应用和连接器协同工作，将不相关的数据源转化为合乎逻辑并且视觉上逼真的交互式见解。不管是简单的 Excel 工作簿，还是基于云数据仓库和本地混合数据仓库的集合，Power BI 都可轻松连接到数据源，可视化重要信息，并根据需要与任何人共享。

相较于 Python 而言，首先，Power BI 的操作更加简单，且易于使用。学习 Python 相当于学习一门编程语言，但学习 Power BI 与学习 Microsoft office 软件一样简单，相对来说门槛更低；其次，Power BI 功能强大、足够灵活，不依赖技术人员就可以让你轻松处理海量数据，并实时快速地发现数据中蕴含的信息，随时随地回答相关的业务问题；最后，对于个人用户来说，Power BI Desktop 是完全免费的。对于中小企业来说，选择 Power BI 的成本也较低甚至可以做到零成本，所以，Power BI 可以作为数据分析工具的第二个选择。

Power BI 的操作简单且速度快，能够基于 Excel 工作簿或本地数据库创建快速见解。同时，Power BI 也是一个可靠的企业级服务，不但可随时用于广泛的建模和实时分析，而且还可用于自定义开发。因此，它不仅可用作个人报表和可视化工具，还可用作团队项目、部门甚至整个企业的分析和决策引擎。

Power BI 可以连接 120 多种数据源来简化数据的准备工作，即时完成数据的统计分析，并生成丰富的交互式可视化报告，发布到网页和移动设备上，供相关人员随时随地查阅，以便监测企业各项业务的运行状况。

在 Power BI 中，一般通过 Power Query 编辑器来完成数据准备。Power Query 可

将取自文件、文件夹、数据库、网页等的数据进行深度加工处理，然后把这些处理步骤进行保存，后期数据更新时无须再次重复操作。Power Query 有可视化的操作界面，同时支持用 M 语言进行高级编辑。在 Power BI 中，通过 Power Pivot 和 DAX(data analysis expression)语言来完成数据建模。Power Pivot 可以利用 Power Query 处理好的数据或其他数据建立分析维度，实现模型搭建。DAX 是数据分析表达式，是一种专门为计算数据模型中的商业逻辑而设计的语言，是 Power BI 中的数据建模语言。Power Pivot 使用 DAX 语言进行函数编辑，DAX 具有与 Excel 函数相似的编辑方式。对于可视化方面，Power BI 拥有 20 多个内置的可视化图形和上百个自定义可视化图形库，用户可以轻松使用可视化分析来有效地传达信息并应对业务挑战，Power BI 的可视化功能十分强大，其绘制出的图表精美，便于展示。如图 1-2 所示。

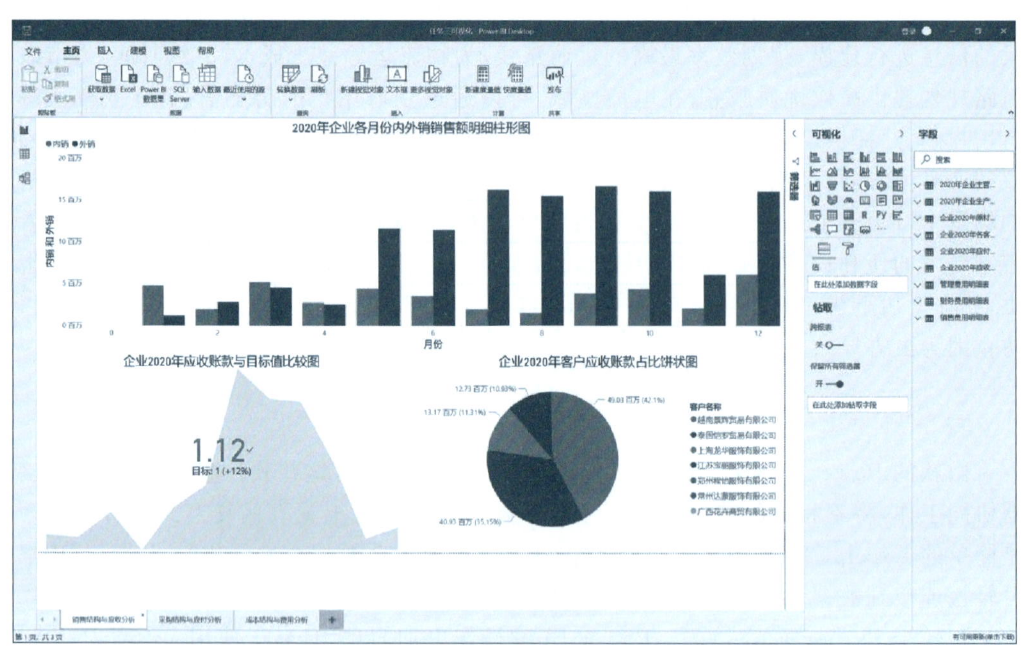

图 1-2　Power BI 软件可视化图表呈现效果

相对于 Python 在各行各业“开花”的应用场景，Power BI 则在工商管理领域更具市场，Power BI 可以帮助从业人员快速地分析处理相关商业业务案例，并展示出可以与共事者即时分享并且能够修改的精美图表，有利于管理人员在短时间内作出更加准确的商业决策。

【探讨实践】

小张对 Python 和 Power BI 都很感兴趣，但电脑上还没有安装这两个软件，他应该如何安装？

【拓展训练】

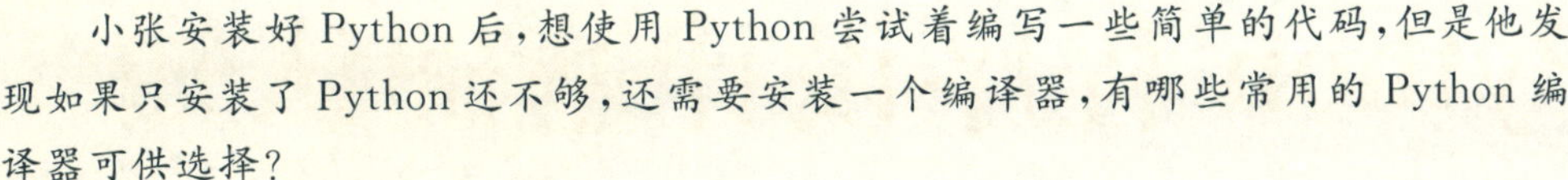

小张安装好 Python 后，想使用 Python 尝试着编写一些简单的代码，但是他发现如果只安装了 Python 还不够，还需要安装一个编译器，有哪些常用的 Python 编译器可供选择？

项目二

Python 程序设计基础认知

学习目标

● 能力目标

1. 了解 Python 的基础命名规范与编码规范；
2. 掌握 Python 中的变量与常用数据类型；
3. 掌握 Python 中的分支结构语句、循环结构语句；
4. 掌握组合数据的添加、修改、删除和查找等常见操作。

● 素养目标

1. 具备多角度思考和分析问题的能力，能从代码编写角度思考实际问题解决方式；
2. 培养良好的程序设计风格；
3. 具备一定的知识探究和反思能力以及创新意识。

知识图谱

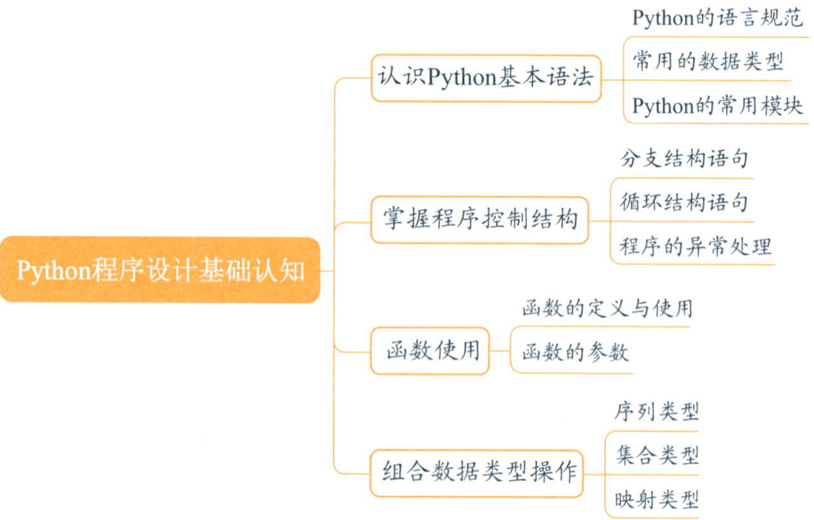

项目背景

Python 作为当下最热门的编程语言之一，通常用于数据分析、人工智能、科学计算

和 web 开发等。学习语法是学习一门编程语言的基础，通常从基本的编程概念开始，如变量、数据类型和控制结构，然后转向更高级的主题，如函数、模块和面向对象编程。小张想通过学习编写 Python 代码去实现数据采集、数据预处理、数据分析与数据可视化的内容，提高任务完成效率。

于是，小张需要从 Python 的语言规范开始，逐步学习 Python 中常用的数据类型使用方法，掌握分支结构与循环结构的代码编写规则。之后，小张要学习能自主定义函数并调用，了解组合数据类型的操作方法。

任务一 认识 Python 基本语法

【问题引入】

小张现在选定了合适的电商网站，需要采集食品饮料的销量数据，并对销量数据进行分析与挖掘。为了更好地完成数据分析与挖掘任务，小张选择使用 Python 作为自己的数据分析挖掘工具，并利用自己的业余时间学习如何使用 Python 进行编程，通过编写 Python 代码采集网络数据。

【认知实践】

一、Python 的语言规范

（一）变量

代码中有两个名字相近的概念：常量与变量。常量是指程序中不会改变的元素，而变量是指程序中可以改变的元素。为了使用方便，我们需要给变量和常量起一个名字，这样既方便修改，也方便区分不同数字的含义，如[例 2-1]所示。

［例 2-1］

代码

```
AGE = 18
sorce = 100
```

在编程中通常使用全大写来表示常量，如[例 2-1]中的“AGE”，变量的命名方式则较为多样，需遵循以下几条规则：

（1）变量名区分大小写。如 *a* 与 *A* 为两个不同的变量。

（2）变量名可采用字母、下划线、数字、汉字等字符及其组合进行命名，但变量名首字符不可为数字。即正确的变量名可为 *a*_1，不可为 1_*a*。

（3）变量名不可使用诸如“False”“None”等具有特殊含义的关键词，如 False、None、True、and、as、break、class 等。这些关键词也叫保留字，已经提前被系统“永久抢占"了，是被编程语言内部定义并保留使用的标识符。每一种语言都有其一套保留字，学习任何一门语言都需要熟记其保留字。在 Python 3.X 中有 33 个保留字，如表 2-1 所示。

表 2-1　Python 3.X 中的保留字

保留字					
and	def	for	is	raise	True
as	del	from	lambda	return	False
assert	elif	global	nonlocal	try	None
break	else	if	not	while	class
except	import	or	with	continue	finally
in	pass	yield			

规避了这些关键词后，只要符合命名规则即可为变量命名，但命名时应注意代码的易读性，通常选择使用变量的具体含义为其命名。例如，将"月份"命名为"months"。

(4) 变量名的长度没有限制。但考虑到程序的兼容性与编程习惯，一般使用英文与数字的组合对变量进行命名。例如，*demo_1*、*MyProgram*001。

(二) 输入状态

在编写 Python 代码时，变量名、关键字、标点符号必须在英文半角模式下输入，不能使用英文全角或者在中文格式下输入，全角字符是字母和数字等与汉字占等宽位置的字符。这里首先给出正确示例([例 2-2])，代码中的变量名"abc"、标点符号"()"、函数名称"print"均在英文半角模式下输入，其代码结果可以正常输出。

[例 2-2]

代码

```
abc = 123
print(123)
print(abc)
```

输出结果

```
123
123
```

[例 2-3]则为一个错误示例，代码中的标点符号"()"为中文状态下输入的字符，在执行代码后出现了报错提示"invalid character"，意为"无效字符"，并指出了第一个无效字符出现的位置。

[例 2-3]

代码

```
abc = 123
print（abc）
```

输出结果

```
    print（abc）
```

```
          ^
SyntaxError: invalid character '（' (U+FF08)
```

在编写代码的过程中除了经常会使用括号之外，也经常会出现需要使用引号或者逗号的情况，同样需要注意这些标点符号须在英文半角模式下输入。

（三）缩进

“缩进”就是每一行代码前的空白部分，Python 不像传统的 C 语言，通过使用分号“;”与大括号“{”,“}”等来划分语句之间的关系，而是使用“缩进”来表明程序框架。Python 语言通过空白的长短区分代码的包含和层次之间的关系。

Python 中的缩进具有语法作用，不可随意对代码进行缩进，同一层级的代码，其缩进量必须一致。如果使用空格进行缩进，缩进的空格数量通常为 4 的倍数。

在编写代码时，往往不使用空格来完成缩进，而是使用 tab 键，按一次 tab 键就是一个缩进。如[例 2-4]的代码所示，想要使用 print()函数输出 for 循环中的值，需要另起一行书写 print 并通过缩进使得 print()函数指向的语句为上一行的 for。这里需要说明的是 range(5)是指 0 到 5 之间，但不包括 5。

[例 2-4]

代码

```
for i in range(5):
    print(i)
```

输出结果

```
0
1
2
3
4
```

（四）注释

为了提高代码的可读性，通常会在代码中添加注释。用以解释说明某些代码的作用和功能，同时也方便他人阅读。特别是当程序的代码量大、逻辑错综复杂、阅读困难时，注释就显得格外重要。

Python 中的注释有单行注释和多行注释两种。单行注释通常使用“#”开头，语法格式如[例 2-5]所示。

[例 2-5]

代码

```
#这是一段注释内容
```

从符号“#”处开始，直到换行处结束，该部分内容均作为注释内容。程序在运行的过程中遇到“＃”后将自动跳过这段代码，继续向下执行。单行注释可出现在需要注释代码的前一行或者该行代码的右侧位置，位置不同不影响注释效果或者程序运行的结果。

如[例 2-6]所示，注释内容在代码的前一行时：

[例 2-6]

代码

```
#这是一段注释内容
print('今天天气真好！')
```

输出结果

```
今天天气真好！
```

[例 2-7]注释内容在代码的右侧时：

[例 2-7]

代码

```
print('今天天气真好！')        #这是一段注释内容
```

输出结果

```
今天天气真好！
```

Python 中的多行注释可以一次性注释一行及以上内容，通常使用三单引号(''' ''')或三双引号(""" """)。多行注释通常被用于为 Python 文件、模块、函数等添加版权、功能描述等信息。语法格式如[例 2-8]及[例 2-9]所示。

[例 2-8]

代码

```
'''
注释内容
注释内容
'''
```

或者使用三双引号：

[例 2-9]

代码

```
"""
注释内容
注释内容
"""
```

（五）运算符

1. 运算符的分类

（1）算术运算符。

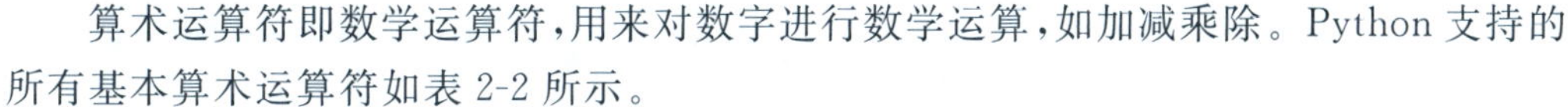

算术运算符即数学运算符，用来对数字进行数学运算，如加减乘除。Python 支持的所有基本算术运算符如表 2-2 所示。

表 2-2 Python 中的基本算术运算符

运算符	说明	实例	结果
+	加	12.45 + 15	27.45
-	减	4.56 - 0.26	4.3
*	乘	5 * 3.6	18
/	除法（和数学中的规则一样）	7 / 2	3.5
//	整除（只保留商的整数部分）	7 // 2	3
%	取余，即返回除法的余数	7 % 2	1
**	幂运算/次方运算，即返回 x 的 y 次方	2 ** 4	16，即 2^4

注：①当“+”用于数字时表示加法，但是当“+”用于字符串时，它还有拼接字符串（将两个字符串连接为一个）的作用（[例 2-10]）。

②“*”除了可以用作乘法运算之外，还可以用来重复字符串，也即将 n 个同样的字符串连接起来（[例 2-11]）。

[例 2-10]

代码

```
c = "name" + "A"
print(c)
```

输出结果

```
nameA
```

[例 2-11]

代码

```
c = "name!" * 3
print(c)
```

输出结果

```
name! name! name!
```

（2）赋值运算符。

“=”是 Python 中最常见、最基本的赋值运算符，用来将一个表达式的值赋给另一个变量。

“=”还可与其他运算符（包括算术运算符、位运算符和逻辑运算符）相结合，扩展成为功能更加强大的赋值运算符，如表 2-3 所示。

表 2-3　Python 中的赋值运算符

<table>
<tr><th>运算符</th><th>说明</th><th>用法举例</th><th>等价形式</th></tr>
<tr><td>=</td><td>最基本的赋值运算</td><td>x = y</td><td>x = y</td></tr>
<tr><td>+=</td><td>加赋值</td><td>x += y</td><td>x = x + y</td></tr>
<tr><td>-=</td><td>减赋值</td><td>x -= y</td><td>x = x - y</td></tr>
<tr><td>*=</td><td>乘赋值</td><td>x *= y</td><td>x = x * y</td></tr>
<tr><td>/=</td><td>除赋值</td><td>x /= y</td><td>x = x / y</td></tr>
<tr><td>%=</td><td>取余数赋值</td><td>x %= y</td><td>x = x % y</td></tr>
<tr><td>**=</td><td>幂赋值</td><td>x **= y</td><td>x = x ** y</td></tr>
<tr><td>//=</td><td>取整数赋值</td><td>x //= y</td><td>x = x // y</td></tr>
<tr><td>&=</td><td>按位与赋值</td><td>x &= y</td><td>x = x & y</td></tr>
<tr><td>|=</td><td>按位或赋值</td><td>x |= y</td><td>x = x | y</td></tr>
<tr><td>^=</td><td>按位异或赋值</td><td>x ^= y</td><td>x = x ^ y</td></tr>
<tr><td><<=</td><td>左移赋值</td><td>x <<= y</td><td>x = x << y,这里的 y 是指左移的位数</td></tr>
<tr><td>>>=</td><td>右移赋值</td><td>x >>= y</td><td>x = x >> y,这里的 y 是指右移的位数</td></tr>
</table>

(3) 比较运算符。

比较运算符,也称关系运算符,用于对常量、变量或表达式的结果进行大小比较。如果这种比较是成立的,则返回 True(真),反之则返回 False(假)。Python 支持的比较运算符如表 2-4 所示。

表 2-4　Python 中的比较运算符

比较运算符	说　明
>	大于,如果">"前面的值大于后面的值,则返回 True,否则返回 False
<	小于,如果"<"前面的值小于后面的值,则返回 True,否则返回 False
==	等于,如果"=="两边的值相等,则返回 True,否则返回 False
>=	大于等于(等价于数学中的 ≥),如果">="前面的值大于或者等于后面的值,则返回 True,否则返回 False
<=	小于等于(等价于数学中的 ≤),如果"<="前面的值小于或者等于后面的值,则返回 True,否则返回 False
! =	不等于(等价于数学中的 ≠),如果"! ="两边的值不相等,则返回 True,否则返回 False
is	判断两个变量所引用的对象是否相同,如果相同则返回 True,否则返回 False
is not	判断两个变量所引用的对象是否不相同,如果不相同则返回 True,否则返回 False

(4) 逻辑运算符。

在数学中有逻辑运算,例如,p 为真命题,q 为假命题,那么"p 且 q"为假,"p 或 q"为真,"非 q"为真。在 Python 也有类似的逻辑运算,如表 2-5 所示。

表 2-5　Python 中的逻辑运算符

逻辑运算符	含义	基本格式	说　明
and	逻辑与运算，等价于数学中的“且”	a and b	当 a 和 b 两个表达式都为真时，a and b 的结果才为真，否则为假
or	逻辑或运算，等价于数学中的“或”	a or b	当 a 和 b 两个表达式都为假时，a or b 的结果才是假，否则为真
not	逻辑非运算，等价于数学中的“非”	not a	如果 a 为真，那么 not a 的结果为假；如果 a 为假，那么 not a 的结果为真。相当于对 a 取反

（5）成员运算符。

对于具有集合概念的对象如数字序列、字符串、列表、元组、字典，可以通过成员运算符进行快速判断，如表 2-6 所示。

表 2-6　Python 中的成员运算符

运算符	运算规则描述
in	如果在指定的序列中找到值，则返回 True，否则返回 False
not in	如果在指定的序列中没有找到值，则返回 True，否则返回 False

2. 运算符优先级及结合性

当一个表达式中出现多个运算符时，Python 会先比较各个运算符的优先级，按照优先级从高到低的顺序依次执行；当遇到优先级相同的运算符时，再根据结合性决定先执行哪个运算符：如果是左结合性就先执行左边的运算符，如果是右结合性就先执行右边的运算符。

优先级，就是当多个运算符同时出现在一个表达式中时，先执行哪个运算符。

结合性，就是当一个表达式中出现多个优先级相同的运算符时，先执行哪个运算符——先执行左边的叫左结合性，先执行右边的叫右结合性。

例如：

```
100 / 25 * 16
```

“/”和“*”的优先级相同，应该先执行哪一个呢？这个时候就不能只依赖运算符优先级决定了，还要参考运算符的结合性。“/”和“*”都具有左结合性，因此先执行左边的除法，再执行右边的乘法，最终结果是 64。

Python 中大部分运算符都具有左结合性，也就是从左到右执行，如[例 2-12]所示；只有“**”乘方运算符、单目运算符（如 not 逻辑非运算符）、赋值运算符和三目运算符例外，它们具有右结合性，也就是从右向左执行。

[例 2-12]

代码

```
a = 16
b = 2
c = 4
```

```
d = a+b*c
print(d)
```

输出结果

```
24
```

Python 会先计算乘法再计算加法；$b*c$ 的结果为 8，$a+8$ 的结果为 24，所以 d 最终的值也是 24。先计算“*”再计算“+”，说明“*”的优先级高于“+”。

Python 支持几十种运算符，被划分成将近 20 个优先级，有的运算符优先级不同，有的运算符优先级相同，如表 2-7 所示。

表 2-7 Python 中的运算符优先级

运算符说明	Python 运算符	优先级	结合性	优先级顺序
小括号	( )	19	无	高
索引运算符	x[i] 或 x[i1: i2 [:i3]]	18	左	︿
属性访问	x.attribute	17	左	|
乘方	**	16	右	|
按位取反	~	15	右	|
符号运算符	+(正号)、-(负号)	14	右	|
乘除	*、/、//、%	13	左	|
加减	+、-	12	左	|
位移	>>、<<	11	左	|
按位与	&	10	右	|
按位异或	^	9	左	|
按位或	|	8	左	|
比较运算符	==、!=、>、>=、<、<=	7	左	|
is 运算符	is、is not	6	左	|
in 运算符	in、not in	5	左	|
逻辑非	not	4	右	|
逻辑与	and	3	左	|
逻辑或	or	2	左	|
逗号运算符	exp1, exp2	1	左	低

（六）基础函数

1. 赋值语句

这是最好理解的语句，显而易见是让某个变量的值等于一个内容，也就是将等号右边的内容赋给左边的变量。这个内容可以是数字，可以是一句话，也可以是另一个变量；如[例 2-13]所示。

[例 2-13]

代码

```
name = '小张'
age = 18
```

```
name2 = 'Mike'
age2 = age
```

相较于其他语言，Python 的优点之一是可以同时给多个变量赋值，如[例 2-14]所示。

[例 2-14]

代码

```
age1, age2 = 18, 19
print(age1)
print(age2)
```

输出结果

```
18
19
```

Python 还有一个优点是其他语言所不具备的。当需要交换两个变量的值的时候，它会比其他的语言更方便。其他语言的做法是设立一个中间变量 *t* 作为“中转站”，如[例 2-15]所示。

[例 2-15]

代码

```
age1, age2 = 18, 19
t = age1
age1 = age2
Age2 = t
print(age1, age2)
```

输出结果

```
19 18
```

而 Python 则不需要设中间变量，如果使用同步赋值语句，则可以直接实现赋值内容交换，如[例 2-16]所示。

[例 2-16]

代码

```
age1, age2 = 18, 19
age1, age2 = age2, age1
print(age1, age2)
```

输出结果

```
19 18
```

2. 输出函数

输出函数 print()用来输出字符信息,或者以字符形式输出变量。它可以输出各种类型变量的值,通过“%”选择要输出的变量,如[例 2-17]所示。

[例 2-17]

代码

```
age1, age2 = 18, 19
print('小张的年龄为:%a'%age1)
print('Mike 的年龄为:%a'%age2)
```

输出结果

```
小张的年龄为:18
Mike 的年龄为:19
```

每一个函数都可以通过改变其参数设置,来满足不同的需求。本书以 print()函数为例,详细介绍其各个参数及设置方法。后续函数只介绍其基本常见用法。print()参数如下:

```
print( * values, sep='', end='\n', file=sys.stdout, flush=False)
```

其中“ * values”对应位置上可填入多个参数,并用逗号隔开,即可在输出时将各值用空格隔开,如[例 2-18]所示。

[例 2-18]

代码

```
age1, age2 = 18, 19
print(age1, age2)
```

输出结果

```
18 19
```

“sep=''”,当 *value* 有多个值时,可用来设置各个值的分隔方式,默认为空格,此处用“-”举例,如[例 2-19]所示。

[例 2-19]

代码

```
age1, age2 = 18, 19
print(age1, age2, sep='-')
```

输出结果

```
18-19
```

“end='\n'”,设置结束符号,默认为换行(即在单引号内输入“\n”),也可以设置为其他内容,如[例 2-20]所示。

[例 2-20]

代码

```
age1, age2 = 18, 19
print(age1, end='\n')
print(age2)
```

输出结果

```
18
19
```

“file=”,设置输出设备,默认输出到屏幕上,也可以设置输出到文件中。

“flush”,该参数为刷新,默认为 False,也就是不刷新,True 为刷新。

3. 输入函数

大多数情况下,给变量赋值的内容都是后来输入的,而不是在编程时就固定的,因此,输入语句是十分重要的。获得用户的输入之前,input()函数可以包含一些提示性文字,如[例 2-21]中的“请输入 Mike 的年龄:”。

[例 2-21]

代码

```
age1 = input()
print('小张的年龄为:', age1)
age2 = input('请输入 Mike 的年龄:')
print(' Mike 的年龄为:', age2)
```

输出结果

```
18
小张的年龄为:18
请输入 Mike 的年龄:19
Mike 的年龄为:19
```

二、常用的数据类型

(一) 整数(int)

整数,又称整型,由正整数、零和负整数构成,不包括小数和分数。在 Python 中的整数的大小没有限制,可以是一个无限大的整数。例如,设定一个变量 c,为它赋一个超出常见数据范围的值,在 Python 代码中仍能使用 print()函数输出;如[例 2-22]所示。

[例 2-22]

代码

```
c = 999999999999999999 * 100
print(c)
```

输出结果

```
99999999999999999900
```

除了常用的十进制外，整数类型还可用二进制、八进制和十六进制表示，各进制的数字之间还可以进行相互转换。

（二）浮点数（float）

在 Python 语言中，浮点型适用于保存带有小数点的数值的数据类型，并且小数点后的数字可以是“0”。浮点数除了“1.6”“8.10”这种形式之外，还可用科学记数法表示，例如，用“5.6e-4”表示 0.000 56，用“5.6E4”表示 56 000，其中 e 或者 E 均可用来表示以 10 为基数的幂运算。

由于计算机内存中存储浮点数的位数有限，所以超过指定长度后，末尾将采取近似值处理。因此，浮点数不一定是精确值，譬如 10 除以 3 得到的结果应该是 3.333 33，3 循环，保留小数点后 16 位，即在第 16 位会作近似处理；如[例 2-23]所示。

[例 2-23]

代码

```
a = 10.0/3
print(a)
```

输出结果

```
3.3333333333333335
```

（三）复数（complex）

复数类型即为数学中的复数，由实部和虚部组成，把实数扩展到了虚数，其数学表示形式为 $a+bi$（a，b 均为实数）。a 称为实部，b 称为虚部，i 为虚数单位（$i^2=-1$），bi 称为虚数。$1-2i$ 为一个复数。

在 Python 中使用复数时，要注意用来表示虚部的字母应更换为 j 或 J，即 $1+2j$ 或者 $1-2J$。

（四）布尔（Boolean）

布尔，又称逻辑。在 Python 中用 True 和 False 表示，用于逻辑判断。该数据是一种特殊的整数类，True 可以用 1 替换，代表“真”；False 可以用 0 替换，代表“假”。

（五）字符串（string）

字符串，由任意字节的字符组成，用单引号(')、双引号("")或三引号(''')成对表示。字符串的内容可以包含字母、标点、特殊符号、中文等全世界的所有文字。

注意：只有引号，没有字节内容的字符串也是合法的，如 name = ''。如[例 2-24]中 print()函数的第三行“print(name4)”，其结果虽未显示，但并未提示程序存在错误。

[例 2-24]

代码

```
name1 = '张三'
name2 = '李四'
name3 = '王五'
name4 = ''
print(name1)
print(name2)
```

```
print(name4)
print(name3)
```

输出结果

张三
李四

王五

可在字符串中使用反斜杠“\”开头的代表字符转义符号,如[例 2-25]所示。

[例 2-25]

代码

```
print("今天天气\n 很好")
```

输出结果

今天天气
很好

常见的字符串转义字符如表 2-8 所示。

表 2-8 Python 中的转义字符

转义字符	说 明
\n	换行符,将光标位置移到下一行开头
\r	回车符,将光标位置移到本行开头
\t	水平制表符,即 Tab 键,一般相当于 4 个空格
\a	蜂鸣器响铃。注意不是喇叭发声,现在的计算机很多都不带蜂鸣器了,所以响铃不一定有效
\b	退格(backspace),将光标位置移到前一列
\\	反斜线
\'	单引号
\"	双引号
\	在字符串行尾的续行符,即一行未完,转到下一行继续写
\0dd	八进制数。dd 表示八进制数字
\xhh	十六进制数。hh 表示十六进制数字

1. 长字符串

所谓长字符串,就是可以直接换行(不用加换行符“\n”)书写的字符串。一般情况下,在字符串中使用单引号、双引号就足够了。但在特殊情况下,可以发挥三引号的优势。三引号允许一个字符串跨多行,字符串中可以包含换行符、制表符以及其他特殊字符。Python 长字符串由三个双引号(""")或者三个单引号(''')包围,语法格式如[例 2-26]所示。

[例 2-26]

代码

```
string1 = '''可以是三个单引号'''
string = """也可以是三个双引号"""
print(string1)
print(string)
```

输出结果

```
可以是三个单引号
也可以是三个双引号
```

如果长字符串没有赋值给任何变量，那么这个长字符串就不会起到任何作用，其和一段普通的文本无异，相当于被注释掉了。（注意：此时 Python 解释器并不会忽略长字符串，也会按照语法解析，只是长字符串起不到实际作用而已。）

当程序中有大段文本内容需要定义成字符串时，优先推荐使用长字符串形式，因为这种形式非常强大，可以在字符串中放置任何内容，包括单引号和双引号。

需要注意的是：长字符串中的换行、空格、缩进等空白符都会原样输出。如[例 2-27]所示，输出结果中原样输出了长字符串中的换行。

[例 2-27]

代码

```
longstr = '''小张毕业之后想从事数据分析相关的工作，所以在校期间除了保证基本学
业外，还额外学习了很多知识，现在他正在一家公司实习，积攒经验。'''
print(longstr)
```

输出结果

```
小张毕业之后想从事数据分析相关的工作，所以在校期间除了保证基本学业外，还额外
学习了很多知识，现在他正在一家公司实习，积攒经验。
```

2. 原始字符串

Python 字符串中的反斜杠“\”有着特殊的作用，就是转义字符，如上文提到的“\'”和“\"”。

转义字符有时候会带来一些麻烦，例如，要表示一个包含 Windows 路径“D:\Program Files\Python 3.8\python.exe”这样的字符串，在 Python 程序中直接这样写肯定是不行的，不管是普通字符串还是长字符串。因为“\”的特殊性，需要对字符串中的每个“\”都进行转义，也就是写成：

D:\\Program Files\\Python 3.8\\python.exe

这种写法需要特别谨慎，稍有疏忽就会出错。为了解决转义字符的问题，Python 支持原始字符串。在原始字符串中，“\”不会被当作转义字符，所有的内容都保持“原汁原味”的样子。

在普通字符串或者长字符串的开头加上“r”前缀，就变成了原始字符串，具体格式

如[例 2-28]所示。

[例 2-28]

代码

```
str1 = "好好学习\n 天天向上"
str2 = r"好好学习\n 天天向上"
print(str1)
print(str2)
```

输出结果

```
好好学习
天天向上
好好学习\n 天天向上
```

三、Python 的常用模块

Python 官网的帮助文档中,把"模块"一词解释为包含 Python 定义和语句的文件。

之所以出现"模块",是为了方便维护程序,简化工作。在实际应用中退出 Python 解释器后再次进入时,之前在 Python 解释器中定义的函数和变量就丢失了。因此,编写较长程序时,建议用文本编辑器代替解释器,执行文件中的输入内容,这就是编写"脚本"。随着程序越来越长,为了方便维护,最好把脚本拆分成多个文件。编写脚本还有一个好处,不同程序调用同一个函数时,不用每次把函数复制到各个程序。

为了实现这些需求,Python 把各种定义存入一个文件,在脚本或解释器的交互式实例中使用。这个文件就是"模块";模块中的定义可以导入其他模块或主模块(在顶层和计算器模式下,执行脚本中可访问的变量集)。

Python 中有许多模块可用来进行数据处理、数值计算、数据可视化、机器学习等。

(一) Pandas

Pandas 是 Python 的核心数据分析支持库,提供了快速、灵活、明确的数据结构,旨在简单、直观地处理关系型数据和标记型数据。Pandas 的目标是成为 Python 数据分析实践与实战的必备高级工具,其长远目标是成为最强大、最灵活,可以支持任何语言的开源数据分析工具。Pandas 适用于处理以下类型的数据:

(1) 与 SQL 或 Excel 表类似的,含异构列的表格数据。

(2) 有序和无序(非固定频率)的时间序列数据。

(3) 带行列标签的矩阵数据,包括同构型或异构型数据。

(4) 任意其他形式的观测、统计数据集,数据转入 Pandas 数据结构时不必事先标记。

Pandas 的主要数据结构是 Series(一维数据)与 DataFrame(二维数据),这两种数据结构足以处理金融、统计、社会科学、工程等领域里的大多数典型案例。

(二) NumPy

NumPy 是 Python 中科学计算的基础模块。它是一个 Python 库,提供多维数组对象,各种派生对象(如掩码数组和矩阵),以及用于数组快速操作的各种 API,包括数学、逻辑、形状操作、排序、选择、输入输出、离散傅里叶变换、基本线性代数、基本统计运算和随机模拟等。

NumPy 包的核心是 ndarray 对象。它封装了 Python 原生的同数据类型的 n 维数组，为了保证其性能优良，其中有许多操作都是代码在本地进行编译后执行的。

（三）Matplotlib

Matplotlib 是一个 Python 2D 绘图库，它以多种硬拷贝格式和跨平台的交互式环境生成出版物质量的图形，包含了大量创建各种图形的工具，包括简单的散点图、折线图、直方图等，复杂的正弦曲线、三维图形、地图等。Matplotlib 可用于 Python 脚本、Python 和 IPython Shell、Jupyter Notebook、Web 应用程序服务器和各种图形用户界面工具包。

【探讨实践】

小张刚开始学习 Python，对编写代码非常感兴趣，跃跃欲试。老师建议他先从简单的问题开始，例如，使用 print() 函数混合输出以下文字：这家公司的资产为 20000 万元，负债为 8412 万元，所有者权益为(20000－8412)万元。

【拓展训练】

小张在请教老师之后，利用业余时间查阅资料并练习编写 Python 代码。在其他参考资料中，小张发现 Python 是一门面向对象的程序设计语言，什么是面向对象编程呢？请查阅资料并举例说明。

任务二　掌握程序控制结构

【问题引入】

小张在学习完 Python 的基本语法之后，正式开启了对 Python 的探索。小张从图书馆中借阅了一本编程工具书，学习到程序控制结构的时候，他发现自己不能很好地理解程序控制结构章节中的内容，于是他再次来到实验室寻求老师的帮助。老师便以流程图为例给小张解释其中的奥秘。

【认知实践】

程序流程图又称程序框图，指使用统一规定的标准符号来描述程序运行的具体步骤。程序流程图用图的形式画出程序流向，是算法的一种图形化表示方法，具有直观、清晰、更易理解的特点。程序流程图主要由处理框、判断框、起止框、连接点、流程线、注释框、输入/输出框等构成，如图 2-1 所示。它们结合相应的算法，就可以构成整个程序流程图。

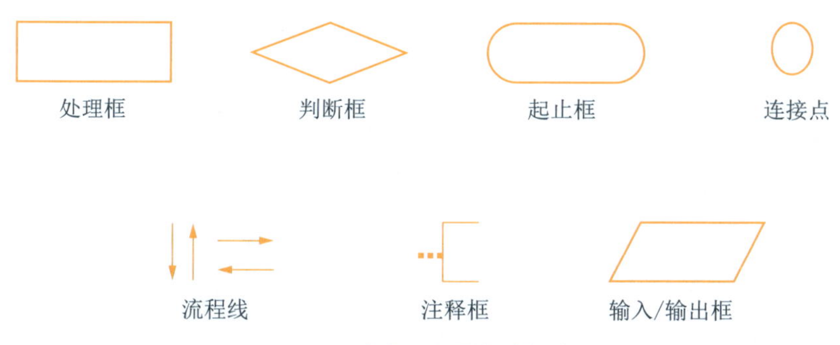

图 2-1　流程图主要组成部分

任何复杂的算法，都可以由顺序结构、分支结构和循环结构这三种基本结构组成，因此，构造一个算法的时候，也仅以这三种基本结构作为“建筑单元”，遵守三种基本结构的规范，基本结构之间可以并列，可以相互包含，但不允许交叉，不允许从一个结构直接转到另一个结构的内部去。正因为整个算法都是由三种基本结构组成的，就像用模块构建的一样，所以结构清晰，易于验证正确性，易于纠错。相应地，只要规定好三种基本结构的流程图的画法，就可以画出任何算法的流程图。

顺序结构是所有结构的基础，程序按线性顺序依次执行。分支结构是程序根据条件判断结果，选择不同的向前执行路径的一种运行方式，基础的分支结构是二分支结构。由二分支结构可组合形成多分支结构。循环结构是程序根据条件判断结果向后反复执行的一种运行方式，根据循环体触发条件不同，包括条件循环和遍历循环结构。

一、分支结构语句

(一) 单分支结构

Python 的单分支结构使用保留字 if 对条件进行判断，语法格式如下：

```
if 〈条件〉:
    〈语句块〉
```

其中，“if”“:”和“〈语句块〉”前的缩进都是语法的一部分。“〈语句块〉”是 if 条件满足后执行的一个或多个语句序列，缩进表达“〈语句块〉”与 if 的包含关系。“〈条件〉”是一个产生 True 或 False 结果的语句，当结果为 True 时，执行〈语句块〉，否则跳过〈语句块〉。单分支结构的流程图如图 2-2 所示。

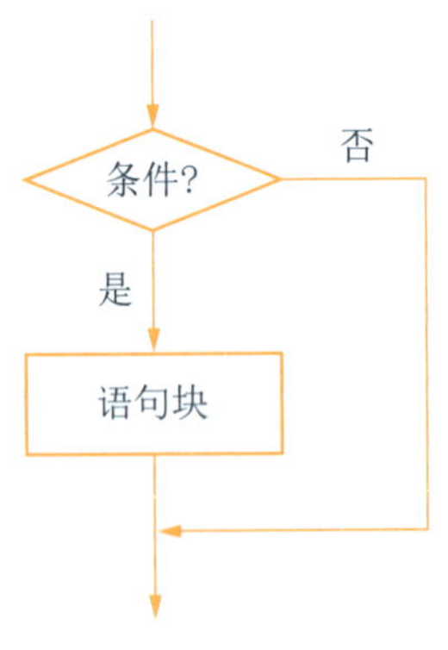

图 2-2　单分支结构流程图

下面以是否饮茶为例对单分支结构进行解释说明。通常人们喝茶时会用热水冲泡，并趁热喝下，细品茶香与茶味。假设小张面前有一杯茶，那么小张是否要喝下这杯茶呢？如[例 2-29]所示。

[例 2-29]

代码

```
is_hot = True

if is_hot:
    print("这杯茶是热的，请享用!")
```

输出结果

```
这杯茶是热的，请享用!
```

在[例 2-29]中定义了变量名为“is_hot”，如果这杯茶是热的，可为它赋值为“True”，运行后将会输出“这杯茶是热的，请享用!”，如果这杯茶已经冷了，则可赋值为“False”，代码执行后无结果输出。

(二) 二分支结构

二分支结构就是有两个分支，当程序执行到 if...else...语句时，一定会执行 if 或者 else 中的一个，而且只执行两者中的一个。二分支结构的流程图如图 2-3 所示。

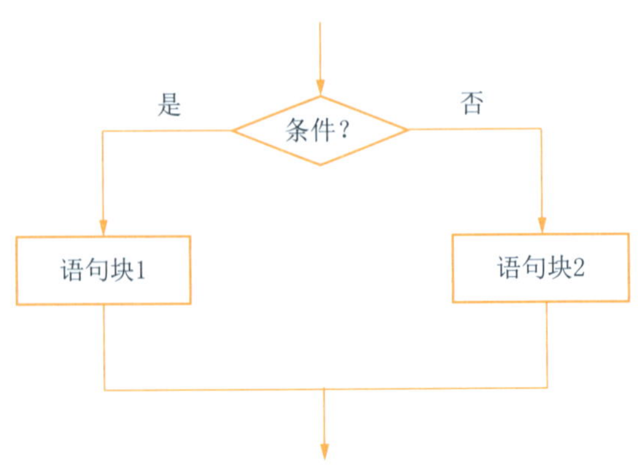

图 2-3　二分支结构的流程图

二分支的语法格式如下：

```
if〈条件〉:
    〈语句块 1〉
else:
    〈语句块 2〉
```

同样还是以小张是否会喝下面前这杯茶为例，假设茶放凉了，如[例 2-30]所示。

[例 2-30]

代码

```
is_hot = False

if is_hot:
    print("这杯茶是热的,请享用!")
else:
    print("这杯茶冷了,请重新泡一杯。")
```

输出结果

```
这杯茶冷了,请重新泡一杯。
```

可以看到，这时执行代码输出的内容为语句块 2 中的内容“这杯茶冷了，请重新泡一杯。”

二分支结构还有一种更简洁的表达方式，适合通过判断返回特定值，语法格式如下：

```
〈表达式 1〉if〈条件〉else〈表达式 2〉
```

注意，表达式 1 与表达式 2 一般是数字类型或字符串类型的一个值。

假设小张这时换了一杯茶，如[例 2-31]所示。

[例 2-31]

代码

```
is_hot = True

print("这杯茶是热的,请享用!" if is_hot else "这杯茶冷了,请重新泡一杯。")
```

输出结果

```
这杯茶是热的,请享用!
```

对比两种表达方式不难看出，虽然这种表达方式更简洁，但它的可读性可能不如使用传统的 if-else 结构。

(三) 多分支结构

多分支结构是解决复杂问题的重要手段之一，在 Python 中使用 if...elif...else 语句表示。多分支结构的流程图如图 2-4 所示。

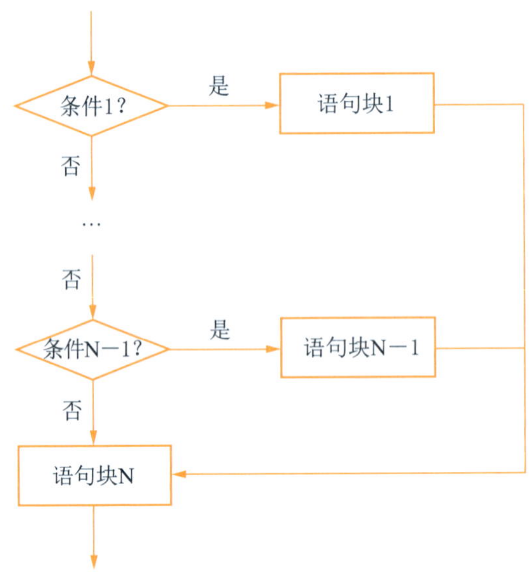

图 2-4　多分支结构的流程图

语法格式如下：

```
if〈判断条件 1〉：
    〈语句块 1〉
elif〈判断条件 2〉：
    〈语句块 2〉
elif〈判断条件 3〉：
    〈语句块 3〉
…
else：
    〈语句块 n〉
```

有人告诉小张，这种茶的最佳饮用温度为 60 ℃到 80 ℃之间，假设这杯茶的温度是 65 ℃，如[例 2-32]所示。

[例 2-32]

代码

```
temperature = 65

if temperature >= 80：
    print("这杯茶太烫了，请再等等。")
elif temperature >= 60：
    print("这杯茶温度正好，请享用！")
elif temperature >= 40：
    print("这杯茶快冷了，请尽快享用。")
else：
```

```
    print("这杯茶冷了,请换一杯。")
```

输出结果

这杯茶温度正好,请享用!

[例 2-32]中的代码设定了一个新变量"temperature"(温度),为该变量赋值 65 后,代码会寻找符合要求的结果并输出,这里输出的内容为"这杯茶温度正好,请享用!"

多分支结构是二分支结构的扩展,这种形式通常用于设置同一个判断条件的多条执行路径。Python 依次评估寻找第一个结果为 True 的条件,执行该条件下的语句块,结束后跳过整个 if-elif-else 结构,执行后面的语句。如果没有任何条件成立,else 下面的语句块将被执行。else 子句是可选的。

值得注意的是,一个 if 只能有一个 else 语句,但是可以拥有多个 elif 语句,并且多分支结构的几个分支之间是有逻辑关系的,不能随意颠倒顺序。

分支结构中的判断条件可以使用任何能够产生 True 或 False 的语句或函数。形成判断条件最常见的方式是采用比较运算符,详见表 2-4。

二、循环结构语句

Python 语言的循环结构包括遍历循环和无限循环两种,遍历循环的循环次数是一个确定值,在 Python 中使用 for 语句实现。与之相对的,当程序不确定循环体可能的执行次数,而通过条件判断是否继续执行循环体时,这种非确定次数循环被称为无限循环,在 Python 中使用 while 语句实现。

(一) 遍历循环

for 语句的语法格式如下:

```
for 〈循环变量〉 in 〈遍历结构〉:
    〈语句块〉
```

循环结构中执行语句块的次数,是根据遍历结构中的元素个数确定的。循环结构就是从遍历结构中逐个提取元素,赋给循环变量,每个循环变量执行一次语句块。遍历结构不限制数据类型,可以是字符串、文件、组合数据类型,也可以是 range()函数,如[例 2-33]所示。

[例 2-33]

代码

```
teas = ['绿茶', '红茶', '乌龙茶']
for tea in teas:
    print(tea)
```

输出结果

绿茶
红茶
乌龙茶

在[例 2-33]中设定一个茶叶种类的集合，其中包含了绿茶、红茶、乌龙茶。输出这个循环的结果则可依次得到结合的内容。

循环语句还有一种扩展模式，语法结构如下：

```
for 〈循环变量〉 in 〈遍历结构〉：
    〈语句块 1〉
else：
    〈语句块 2〉
```

只有当 for 循环中的语句正常结束，才会执行 else 中的语句块 2。这个结构非常适合于提示循环结束，如[例 2-34]所示。

[例 2-34]

代码

```
teas = ['绿茶', '红茶', '乌龙茶']
for tea in teas：
    print(tea)
else：
    print("循环结束")
```

输出结果

```
绿茶
红茶
乌龙茶
循环结束
```

(二) 无限循环

while 语句的语法格式如下：

```
while 〈条件〉：
    〈语句块〉
```

while 语句的循环执行次数，不像 for 语句可以提前知道。每一次都要判断条件是否为 True。通常需要在语句块中改变条件，使循环结束，如[例 2-35]所示。

[例 2-35]

代码

```
i = 3
while i：
    print(i)
    i = i-1
```

输出结果

```
3
2
```

1

与 for 语句相同，while 也可以与 else 组合。当循环正常结束后，程序会继续执行 else 中的语句。语法格式如下：

```
while 〈条件〉：
    〈语句块 1〉
else：
    〈语句块 2〉
```

如[例 2-36]所示。

[例 2-36]

代码

```
i = 3
while i:
    print(i)
    i = i-1
else:
    i = 100
print(i)
```

输出结果

3
2
1
100

(三) 循环保留字

在实际编程过程中，需要在循环还没有全部完成前结束循环，这就需要通过保留字 break 和 continue 来实现。break 语句与 continue 语句是 Python 中辅助控制程序循环的语句。break 语句用来跳出当前循环，continue 语句则是结束当次循环。[例 2-37]与[例 2-38]两个例子中的代码其他的部分都相同，只是用 continue 替换了 break。

[例 2-37]

代码

```
string = "你好,小张!"
for i in string:
    if i == ",":
        break
    print(i)
```

输出结果

你

好

[例 2-38]

代码

```
string = "你好,小张!"
for i in string:
    if i == ",":
        continue
    print(i)
```

输出结果

```
你
好
小
张
!
```

对比[例 2-37]与[例 2-38]的输出结果,continue 只结束本次循环,然后会继续执行后续的循环,因此输出的内容中含有“,”后的“小张!”;而 break 会结束整个循环,直接跳出循环结构,不再执行循环,所以输出的内容中只含“你好”。

三、程序的异常处理

Python 程序一般对输入有一定要求,但当实际输入不满足程序要求时,可能会产生程序的运行错误。如[例 2-39]中,需要输入的是数字,但却输入了中文,因此出现了异常。

[例 2-39]

代码

```
n = eval(input("请输入一个数字:"))
```

输出结果

```
请输入一个数字:茶
Traceback (most recent call last):
  File ~\Desktop\Python 学习.py:12 in <module>
    n = eval(input("请输入一个数字:"))
NameError: name '茶' is not defined
```

[例 2-39]中输出结果的第二行为发生异常的文件路径与异常发生的代码行数,读者在实操过程中可能会有些许差异,是正常情况,请以实际为准。异常信息中“NameError”是此次代码出现问题的异常类型,冒号后面的内容则是异常内容提示。这类由于输入与预期不匹配造成的错误有很多种可能,不能逐一列出。为了保证程序

运行的稳定性，这类运行错误应该被程序捕获并合理控制。

Python 语言使用保留字 try 和 except 进行异常处理，基本的语法格式如下：

```
try:
    〈语句块 1〉
except:
    〈语句块 2〉
```

语句块 1 是正常执行的程序内容，当执行这个语句块发生异常时，则执行 except 保留字后面的语句块 2，如[例 2-40]所示。

[例 2-40]

代码

```
try:
    n = eval(input("请输入一个数字:"))
except:
    print("输入错误,请输入一个数字!")
```

输出结果

```
请输入一个数字:茶
输入错误,请输入一个数字!
```

对比[例 2-39]与[例 2-40]可以看到当代码中添加了 try 和 except 进行异常处理后，代码中如果出现异常，则会输出预设好的文字予以提示。

【探讨实践】

小张觉得循环不是很好理解，请以代码运行的方式入手帮助小张理解循环语句。

【拓展训练】

比较 for 和 while 的不同，判断它们分别适用于什么情况。

任务三　函 数 使 用

【问题引入】

小张在查阅资料并参考练习的时候发现，在编程过程中有一些代码是可以反复使用的，小张也想反复使用这些代码，但每次都选择复制这些代码到新的代码里会使得代码变得很长，看起来有些冗余，小张向实验室的老师寻求帮助。

【认知实践】

一、函数的定义与使用

函数是组织好的、可重复使用的、用来实现相对独立功能的代码段，通过函数名来表示和调用。经过定义，一组语句等价于一个函数，在需要使用这组语句的地方，直接调用函数名称即可。函数能够提高应用的模块性和代码的重复利用率。

微课视频：函数

函数分系统函数和用户自定义函数。系统函数就是内置函数或扩展库中的函数，如果是内置函数则可以直接使用，如 print()等；如果是扩展库中的函数，则在导入包或模块后直接使用。如果现有的函数不能解决实际中遇到的问题，用户可以自行编写函数并调用，这就是用户自定义函数。

（一）函数的定义

在 Python 中使用 def 保留字定义一个函数，语法形式如下：

```
def 〈函数名〉(〈参数列表〉)：
    〈函数体〉
    return 〈返回值列表〉
```

函数名可以是任何有效的 Python 标识符；参数列表是调用该函数时传递给它的值，可以有零个、一个或多个；当传递多个参数时，各参数由逗号分隔，当没有参数时也要保留圆括号。函数体是函数每次被调用时执行的代码，由一行或多行语句组成。当需要返回值时，使用保留字 return 和返回值列表；否则函数可能没有 return 语句，在函数体结束位置将控制权返回给调用者。定义后的函数不能直接运行，需要经过“调用”才能运行。调用函数的基本方法如下：

```
〈函数名〉(〈参数列表〉)
```

[例 2-41]中设定函数名为“calculation”，设定函数内容为计算 a 与 b 的和，最后调用函数得到结果。

[例 2-41]

代码

```
def calculation(a,b):
    """
    计算 a 与 b 的和
    """
    c = a+b
    print(c)
#调用函数
calculation(2,3)
```

输出结果

```
5
```

(二) 函数的使用

具体地,函数的使用一共分为四个步骤:

第一步:函数定义。

使用保留字 def 将一段代码定义为函数,需要确定函数名、参数名、参数的个数,使用参数名称作为形式参数(占位符)编写函数内部的功能代码。

第二步:函数调用。

通过函数名调用函数功能,对函数的各个参数赋予实际值,实际值可以是实际数据,也可以是在调用函数前已经定义过的变量。

第三步:函数执行。

函数被调用后,使用实际参数(赋予形式参数的实际值)参与函数内部代码的运行,如果有结果则进行输出。

第四步:函数返回。

函数执行结束后,根据保留字 return 的指示决定是否返回结果。如果返回结果,则结果将被放置到函数被调用的位置,函数使用完毕,程序继续运行。

二、函数的参数

定义函数时都会选择有参数的函数形式,函数参数的作用是传递数据给函数,令其对接收的数据进行具体的操作处理。在使用函数时,经常会用到形式参数(简称"形参")和实际参数(简称"实参"),两者都叫参数,两者之间的区别是:

形式参数(形参):在定义函数时,函数名后面括号中的参数就是形式参数。

实际参数(实参):在调用函数时,函数名后面括号中的参数称为实际参数,也就是函数的调用者给函数的参数。

Python 中有四种类型的函数参数,分别为位置参数、默认值参数、关键字参数与可变长参数。

1. 位置参数

位置参数是最常见的形参类型,用于按照函数头文件中定义的顺序将参数传递给函数。位置参数以逗号分隔,它们的值与参数列表的顺序相同。因为函数调用时,每个参数的值都必须提供，一个也不能省略，所以其也是必选参数。[例 2-42]中设定了一个打招呼的函数，那么在遇到小张的时候调用这个函数就需要给定称呼“小张”以及打招呼的内容“你好”。

[例 2-42]

函数定义

```
def greet(name, greeting):
    print(f"{greeting}, {name}!")
```

函数调用

```
greet("小张", "你好")
```

输出结果

```
你好，小张!
```

2. 默认值参数

默认值参数是在定义函数时给形参提供了一个默认值。调用函数的时候，如果没有给该函数赋新值，则使用默认值。如果位置参数和默认参数都存在，则必须将位置参数放在默认值参数之前。带有默认值参数的函数定义语法格式如下：

```
def 〈函数名〉(…,形参名=默认值):
    〈函数体〉
```

[例 2-43]的打招呼的函数中，如果给打招呼的内容设定了一个默认值“你好”，那么再调用时只需要给定称呼“小张”即可。如果是在早上遇到了老师，那么原有的默认打招呼内容可能就不适用了，可以在调用函数时换成“早上好”。

[例 2-43]

函数定义

```
def greet(name, greeting="你好"):
    print(f"{greeting}, {name}!")
```

函数调用

```
greet("小张")
greet("老师", "早上好")
```

输出结果

```
你好，小张!
早上好，老师!
```

3. 关键字参数

关键字参数主要指调用函数时按照“参数名=值”的形式传递参数值，是调用函数时的参数传递方式。实参顺序可以与形参顺序不一致。所有的位置参数都可以按关键字传递。当函数有许多形参，并且不清楚哪个实参对应哪个形参时，使用关键字调用函数可以无须记住参数顺序，也能明确参数值的含义。需要注意的是，位置参数必须在关键字参数之前。

[例 2-44]中在调用这个打招呼的函数时，使用关键词将打招呼的内容与打招呼的对象输入函数，最终仍能得到“你好，小张！”这样正确的输出结果。

[例 2-44]

函数定义

```
def greet(name, greeting):
    print(f"{greeting}, {name}!")
```

函数调用

```
greet(greeting="你好", name="小张")
```

输出结果

```
你好，小张！
```

4. 可变长参数

可变长参数是指传入的参数格式是可变的，可以有任意多个，也可以没有。根据形参的外形特征和打包后的数据结构的不同，有打包为元组和打包为字典两种类型的可变长参数。

打包为元组的特征为形参，用“*args”表示。其用于向函数传递可变数量的非关键字参数，参数被收集到一个元组中，对实参的个数没有限制。

打包为字典的特征为形参，用“**kwargs”表示。其用于向函数传递可变数量的关键字参数，0个或任意个关键字参数均可。这些关键字参数在函数内部自动组成一个字典，并用 kwargs 接收，字典的键值分别表示参数名和值，如[例 2-45]所示，关键词为姓名、成绩。

[例 2-45]

函数定义

```
def print_kwargs(**kwargs):
    for key, value in kwargs.items():
        print(f"{key}: {value}")
```

函数调用

```
print_kwargs(姓名="小张", 成绩=90)
```

输出结果

```
姓名: 小张
成绩: 90
```

[例 2-45]中，**kwargs 语法用于表明函数可以接收任意数量的关键字参数，然后将这些参数存储在一个名为 kwargs 的字典中。在函数内部，使用一个 for 循环来遍历字典中的项。然后使用 print()函数打印出每个项的键和值。最后使用两个关键字参数“姓名”和“成绩”调用函数，这些关键字参数被传递给函数并存储在 kwargs 字典中。调用该函数时，将在单独的一行上打印出字典中的每个键值对，因此输出的结果为“姓名：小张”“成绩:90”。

【探讨实践】

小张在学习过程中发现能用 return 语句用来结束函数并将程序返回到函数被调用的位置继续执行。那 return 语句在函数中出现的位置是固定的吗？可以返回多个值吗？又应如何保存？

【拓展训练】

小张了解到根据代码中变量所在的位置和作用范围，变量分为局部变量和全局变量。局部变量指在函数内部使用的变量；其仅在函数内部有效，当函数退出时将不再存在。全局变量指在函数之外定义的变量；其在代码执行的全过程有效。那么设定或使用这些变量的时候应该遵循什么规则？

任务四　组合数据类型操作

【问题引入】

随着所学 Python 编程知识的增多，小张有了新的疑问：如何将多个数据作为一个整体存储？这些数据结构具有怎样的特性？应该如何对这些数据结构进行操作呢？老师针对这些问题进行了解答。

【认知实践】

常用数据类型中的整数类型、浮点数类型和复数类型各自仅能表示一个数据，这种表示单一数据的类型称为基本数据类型。然而，实际计算中却存在大量同时处理多个数据的情况，这需要将多个数据有效组织起来并统一表示，这种能够表示多个数据的类型称为组合数据类型。组合数据类型有三类：序列类型、集合类型和映射类型，如图 2-5 所示。

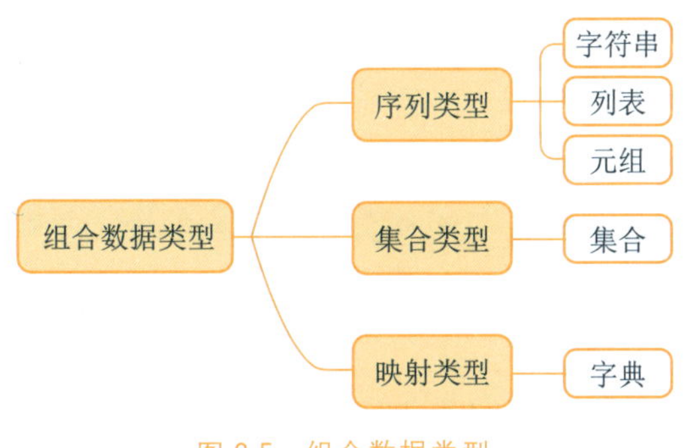

图 2-5 组合数据类型

一、序列类型

序列类型是一维元素向量，元素之间存在先后关系，通过序号访问，元素可以重复出现。由于元素之间存在顺序关系，所以序列中可以存在相同数值但位置不同的元素。Python 语言中有很多数据类型都是序列类型，其中比较重要的是字符串类型、列表类型与元组类型。

（一）字符串（string）

已经在基础数据类型中介绍过，字符串也属于序列类型，是有序的。

（二）列表（list）

1. 列表简述

在实际编程中，经常需要将一组（不止一个）数据存储起来，以便后续的代码使用。从形式上看，列表会将所有元素都放在一对中括号[ ]里面，相邻元素之间用逗号分隔，如：

[element1, element2, element3, ..., elementn]

其中，element1 至 elementn 表示列表中的元素，个数没有限制，只要是 Python 支持的数据类型就可以。从内容上看，列表可以存储整数、小数、字符串、列表、元组等任何类型的数据，并且同一个列表中元素的类型也可以不同，如[例 2-46]所示。

[例 2-46]

代码

```
one_list = ["http://www.baidu.com", 1, [2, 3, 4], 3.0]
print(one_list)
```

输出结果

```
['http://www.baidu.com', 1, [2, 3, 4], 3.0]
```

2. 创建列表

(1) 使用 [ ] 直接创建列表。使用[ ]创建列表后，一般使用"="将它赋值给某个变量。

(2) 使用 list() 函数创建列表。在 Python 中可使用内置的函数 list()，将其他数据类型转换为列表类型，如[例 2-47]所示。

[例 2-47]

代码

```
list_1 = list("hello")
print(list_1)
```

输出结果

```
['h', 'e', 'l', 'l', 'o']
```

3. 访问列表元素

列表是 Python 序列的一种，我们可以使用索引(Index)访问列表中的某个元素(得到的是一个元素的值)，也可以使用切片访问列表中的一组元素(得到的是一个新的子列表)。

(1) 使用索引访问列表元素的格式为：

listname[i]

其中，listname 表示列表名字，i 表示索引值。列表的索引可以是正数，也可以是负数。负数表示从后往前的顺序，[−1]就是最后一位。

(2) 使用切片访问列表元素的格式为：

listname[start : end : step]

其中，listname 表示列表名字，start 表示起始索引，end 表示结束索引，step 表示步长。

4. 列表常用函数

(1) append()。

append() 方法用于在列表的末尾追加元素，该方法的语法格式如下：

listname.append(obj)

其中，listname 表示要添加元素的列表；obj 表示添加到列表末尾的数据，它可以是单个元素，也可以是列表、元组等，如[例 2-48]，在原有列表的末尾添加了“花茶”。

[例 2-48]

代码

```
n = ['绿茶', '红茶', '黑茶']
n.append('花茶')
print(n)
```

输出结果

```
['绿茶', '红茶', '黑茶', '花茶']
```

(2) extend()。

extend()方法用于添加元素，与 append() 不同，extend() 不会把列表或者元组视为一个整体，而是把它们包含的元素逐个添加到列表中。其语法格式为：

listname.extend(obj)

[例 2-49]

代码

```
L = ['绿茶', '红茶', '黑茶']
L.extend(['茉莉花茶','乌龙茶'])
print(L)
```

输出结果

```
['绿茶', '红茶', '黑茶', '茉莉花茶', '乌龙茶']
```

[例 2-49]中在原列表的末尾添加了“茉莉花茶”与“乌龙茶”两个元素。

(3) insert()。

insert()方法可以在列表中间某个位置插入元素。其语法格式如下：

listname.insert(index, obj)

其中，index 表示指定位置的索引值。insert() 会将 obj 插入到 listname 列表第 index 个元素的位置，如[例 2-50]所示。

[例 2-50]

代码

```
Q = ['绿茶', '红茶', '黑茶']
Q.insert(1,'乌龙茶')
print(Q)
```

输出结果

```
['绿茶', '乌龙茶', '红茶', '黑茶']
```

[例 2-50]中，在列表的第一个元素输出后，插入了“乌龙茶”，再输出其他内容。

(4) clear()。

clear() 用来删除列表的所有元素，也即清空列表。

(5) remove()。

remove()会根据元素本身的值来进行删除操作，remove()只会删除第一个和指定值相同的元素，且必须保证该元素是存在的，否则会引发 ValueError 错误。如[例 2-51]所示，使用 remove 移除了列表中第一次出现的“5”，而队列末尾的“5”则未被移除。

[例 2-51]

代码

```
nums = [1, 2, 3, 4, 5, 6, 5]
nums.remove(5)
print(nums)
```

输出结果

```
[1, 2, 3, 4, 6, 5]
```

(6) index()。

index()方法用来查找某个元素在列表中出现的位置(也就是索引),如果该元素不存在,则会导致 ValueError 错误。其语法格式如下:

listname.index(obj, start, end)

obj 表示要查找的元素,start 表示起始位置,end 表示结束位置。start 和 end 参数用来指定检索范围。

start 和 end 可以都不写,此时会检索整个列表。注意,计算机不是将 1 而是将 0 视为序列的开始位置。如[例 2-52]所示,在列表中查找“2”的位置,输出的结果为“3”,意味着被查找的“2”所在位置是列表中的第 4 个。

[例 2-52]

代码

```
nums = [40, 36, 89, 2, 36, 100, 7, -20.5, -999]
a = nums.index(2)
print(a)
```

输出结果

```
3
```

如果只写 start 不写 end,那么表示检索从 start 到末尾的元素。[例 2-53]中,在列表的第 5 个位置开始查找“2”,列表中只含有一个“2”且在第 4 位,所以并未找到,该代码运行后出现报错,此处为正常情况,关注“ValueError”后的内容即可。

[例 2-53]

代码

```
nums = [40, 36, 89, 2, 36, 100, 7, -20.5, -999]
a = nums.index(2,4)
print(a)
```

输出结果

```
Traceback (most recent call last):
  File ~\Desktop\未命名 0.py:55 in <module>
    a = nums.index(2,4)
ValueError: 2 is not in list
```

说明:报错时,输出结果中第二行的提示路径与行数在不同设备中会有所不同,报错原因主要看最后一行对应的“Error”。

如果 start 和 end 都写,那么表示检索 start 和 end 之间的元素。如例 2-54 所示,在列表的第 1 个位置到第 5 个位置间查找“2”的位置并输出结果。

[例 2-54]

代码

```
nums = [40, 36, 89, 2, 36, 100, 7, -20.5, -999]
```

```
a = nums.index(2,0,4)
print(a)
```

输出结果

```
3
```

(7) count()。

count() 方法用来统计某个元素在列表中出现的次数，其语法格式如下。

```
listname.count(obj)
```

其中，listname 代表列表名，obj 表示要统计的元素。

(三) 元组(tuple)

1. 元组简介

元组是 Python 中另一个重要的序列结构，和列表类似，元组也是由一系列按特定顺序排序的元素组成。

元组和列表的不同之处在于：列表的元素是可以更改的，包括修改元素值，删除和插入元素，所以列表是可变序列。元组一旦被创建，它的元素就不可更改了，所以元组是不可变序列。

元组的所有元素都放在一对小括号( )中，相邻元素之间用逗号分隔，如下所示：

```
(element1, element2, ..., elementn)
```

2. 创建元组

Python 提供了两种创建元组的方法。

(1) 使用 ( ) 直接创建。

通过( )创建元组后，一般使用=将它赋值给某个变量，具体格式为：

```
tuplename = (element1, element2, ..., elementn)
```

其中，tuplename 表示变量名，element1 至 elementn 表示元组的元素。

需要注意的是，当创建的元组中只有一个字符串类型的元素时，该元素后面必须加一个逗号，否则 Python 解释器会将它视为字符串。如[例 2-55]所示，添加“,”后的数据类型为元组，未添加则为字符串。

[例 2-55]

代码

```
a = ("今天天气好",)
b = ("今天天气好")
print(type(a))
print(type(b))
```

输出结果

```
<class 'tuple'>
<class 'str'>
```

(2) 使用 tuple()函数创建元组。

Python 还提供了一个内置的函数 tuple(),用来将其他数据类型转换为元组类型。

tuple(data)

其中,data 表示可以转化为元组的数据,包括字符串、元组、range 对象等。如[例 2-56]所示,定义变量 a 为一个字符串,内容为"你好",使用 tuple()将其转化为元组,并赋值给变量 b,随后输出变量 b。

[例 2-56]

代码

```
a = "你好"
b = tuple(a)
print(type(a))
print(type(b))
print(b)
```

输出结果

```
<class 'str'>
<class 'tuple'>
('你', '好')
```

3. 删除元组

当创建的元组不再使用时,可以通过 del 关键字将其删除,例如:创建了名为 tup 的元组,删除该元组的语句为"del tup"。

二、集合类型

集合类型是含有 0 个到多个无序元素的组合,因此集合中的元素不可以通过序号访问。集合中的元素不可以重复,元素类型只能是固定数据类型,即具有"唯一性",用"{}"表示。如[例 2-57]所示,集合中的元素"7"虽然前后出现了两次,但在输出的时候只输出一次,并且按照大小依次排列。

[例 2-57]

代码

```
a = {1, 3, 5, 7, 9, 2, 7}
print(a)
```

输出结果

```
{1, 2, 3, 5, 7, 9}
```

由于集合的元素是唯一且无序的,因此集合的输入和输出会产生不一致的效果。

三、映射类型

(一) 字典简述

字典类型是 Python 中唯一的映射类型。"映射"是数学中的术语,简单理解,它指

的是元素之间相互对应的关系，即通过一个元素，可以找到另一个唯一元素。字典中，习惯将各元素对应的索引称为键（key），各个键对应的元素称为值（value），键及其关联的值称为“键值对”。因为它们提供了一种基于键访问数据的快速有效的方法，而不必搜索整个数据集。它们也很灵活，可以通过添加或删除键值对进行轻松修改。

Python 字典的一些常见用途有：❶存储和检索数据：字典可用于使用键值对存储和检索数据。例如，可以创建一个字典来存储关于一个人的信息，其中包含诸如“姓名”“年龄”“电子邮件”等。❷计数出现次数：字典可用于计数列表或其他可迭代对象中项的出现次数。可以创建一个字典，其中键表示列表中的项，值表示每个项出现的次数。❸数据分组：可以使用字典根据特定属性对数据进行分组。例如，可以根据年龄对人员列表进行分组，创建一个字典，其中的键表示不同的年龄组，值表示每个组中的人员。

（二）创建字典

1. 使用{ }创建字典

由于字典中每个元素都包含两个部分，分别是键和值，因此在创建字典时，键和值之间使用冒号分隔，相邻元素之间使用逗号分隔，所有元素放在大括号{ }中。其语法格式为：

```
dictname = {'key1':'value1', 'key2':'value2', ..., 'keyn':valuen}
```

其中，dictname 表示字典变量名，keyn : valuen 表示各个元素的键值对。需要注意的是，同一字典中的各个键必须唯一，不能重复。如[例 2-58]，小张分别买了三种茶叶，每种茶叶各一斤。

[例 2-58]

代码

```
tea = {'绿茶':1, '红茶':1, '乌龙茶':1}
print(tea)
```

输出结果

```
{'绿茶': 1, '红茶': 1, '乌龙茶': 1}
```

2. 通过 fromkeys() 方法创建字典

Python 中，还可以使用 dict 字典类型提供的 fromkeys()方法创建带有默认值的字典，具体语法格式为：

```
dictname = dict.fromkeys(list, value=None)
```

其中，list 参数表示字典中所有键的列表（list）；value 参数表示默认值，如果不写，则为空值 None。

3. 通过 dict() 映射函数创建字典

Python 通过 dict()映射函数创建字典的语法格式为：

```
a = dict(str1=value1, str2=value2, str3=value3)
```

str 表示字符串类型的键，value 表示键对应的值。注意，使用此方式创建字典时，字符串不能带引号。

（三）访问字典

Python 访问字典元素的具体语法格式为：

dictname[key]

其中，dictname 表示字典变量的名字，key 表示键名。注意，键必须存在，否则会输出异常。

[例 2-59]

代码

```
tea = (['绿茶',1], ['红茶',2], ['乌龙茶',1])
dic = dict(tea)
print(dic['绿茶'])
```

输出结果

```
1
```

假设小张的室友知道小张外出购买茶叶后，问小张买了多少斤绿茶，按[例 2-59]，通过访问字典可以知道小张买了一斤绿茶。

（四）字典基本操作

1. 添加键值对

为字典添加新的键值对很简单，直接给不存在的 key 赋值即可，具体语法格式如下：

dictname[key] = value

dictname 表示字典名称；key 表示新的键；value 表示新的值，只要是 Python 支持的数据类型都可以。

假设小张的室友请小张帮忙买一些果茶，如[例 2-60]所示。

[例 2-60]

代码

```
tea = {'绿茶':1, '红茶':2, '乌龙茶':1}
tea['果茶'] = 1
print(tea)
```

输出结果

```
{'绿茶': 1, '红茶': 2, '乌龙茶': 1, '果茶': 1}
```

2. 修改键值对

Python 字典中键的名字不能被修改，只能修改值。字典中各元素的键必须是唯一的；因此，如果新添加元素的键与已存在元素的键相同，那么键所对应的值就会被新的值替换掉，以此达到修改元素值的目的。假设小张的室友除了果茶之外还想请小张带一斤红茶，如[例 2-61]所示。

[例 2-61]

代码

```
tea = {'绿茶':1, '红茶':2, '乌龙茶':1,'果茶':1}
tea['红茶'] = 3
print(tea)
```

输出结果

```
{'绿茶': 1, '红茶': 3, '乌龙茶': 1, '果茶': 1}
```

3. 删除键值对

如果要删除字典中的键值对，同样可以使用 del 语句，如[例 2-62]，小张的室友不想喝果茶只想喝红茶。使用删除语句后的字典中则没有“果茶”相关内容了。

[例 2-62]

代码

```
tea = {'绿茶':1, '红茶':3, '乌龙茶':1,'果茶':1}
del tea['果茶']
print(tea)
```

输出结果

```
{'绿茶': 1, '红茶': 3, '乌龙茶': 1}
```

【探讨实践】

小张想知道在学习了这些组合数据类型后，应该如何应用，例如，如何将元组应用到函数中？

【拓展训练】

小张发现列表、元组、字符串有很多相同的操作，想进一步归纳总结，请帮小张整理一份通用操作表。

项目三
数据采集

学习目标

● 能力目标

1. 了解网络爬虫的用途以及相关使用规范；
2. 掌握 Python 爬虫的基本流程框架；
3. 掌握用 Python 爬虫爬取需要的数据；
4. 掌握 Python 处理的数据与本地数据的相互转换。

● 素养目标

1. 养成自行获取数据分析所需要资料的习惯；
2. 培养遵守相关网络爬虫法律规定与规范的精神；
3. 培养编写规范代码的习惯以提高代码灵活性。

知识图谱

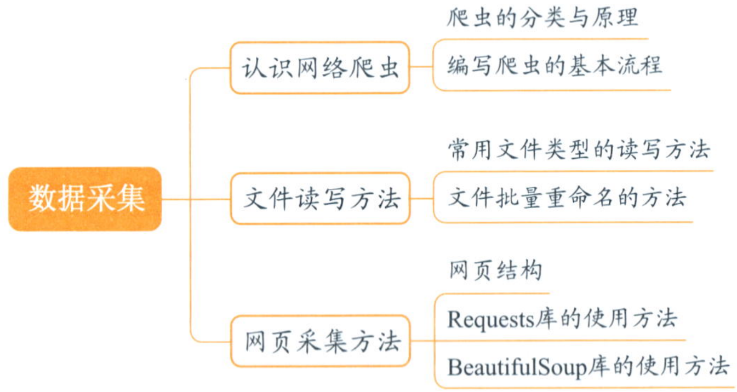

项目背景

为了完成老师针对茶叶品类做一份详尽调查报告的任务，在学习了 Python 的基本操作以后，小张首先需要进行茶叶品类相关数据的获取。对数据的收集工作，网络爬虫有着极高的效率与准确性，可以用较短的时间获取大量的数据以供分析，故小张将在本项目开始学习如何利用 Python 进行网络爬虫爬取需要的数据并保存到本地。

在本项目中，小张需要学习本地文件的操作以及如何编写爬虫程序，找到适合的数

据网页，并使用爬虫数据进行爬取，最后再使用本地文件的操作方法将数据保存为Excel类的表格型文件。

任务一 认识网络爬虫

【问题引入】

学习了如何处理本地文件之后，小张又遇到了难题，茶叶品类的数据该如何采集呢？如果自己一个个到网站上复制粘贴不仅耗时，还容易出错。小张请教老师后了解到Python网络爬虫可以高效获取分析的数据来源，不但节省时间，而且不会出错，故小张决定开始学习Python网络爬虫。

【认知实践】

一、爬虫的分类与原理

（一）什么是网络爬虫

网络爬虫又称网络蜘蛛、网络机器人，它是一种按照一定的规则自动浏览、检索网页信息的程序或者脚本。网络爬虫能够自动请求网页，并将所需要的数据抓取下来。通过对抓取的数据进行处理，提取出有价值的信息。我们所熟知的大部分搜索引擎，如百度、360、搜狗、谷歌等，都可以看作大型的网络爬虫，当用户搜索引擎发起搜索时，其输入的关键词被获取到之后会从其收录的众多网站中进行搜索，然后找到相关联的网页再以一定的推荐算法将它们展示给用户。在这个过程中，搜索引擎所收录的网站正是从互联网上爬取下来的，所以搜索引擎也可以看成是一个大型的网络爬虫。在大数据时代，任何决策的制定与模型的训练都离不开大量的数据，网络爬虫正是满足获取大量数据的一把利器。

（二）网络爬虫的规范使用

虽然网络爬虫给数据获取带来了极大的便利，但在爬取过程中相关规范制度是不可忽视的。

网页开发者为了保护自己的网页会编写一个存放于网页根目录下的robots协议文件，该文件写明了访问者可以进行爬取的位置与不能爬取的位置。但是实际上这只是一种约定俗成的协议，并不具备法律效力。而相关的法律规定可以在网络信息委员会发布的《网络爬虫的法律规制》一文中找到，具体地，有三种行为是被禁止的：

（1）恶意抓取侵害他人权益和经营自由。通过网络爬虫访问和收集网站数据行为本身已经产生了相当规模的网络流量，不当手段将帮助非法组织建立虚假网站，产生欺诈风险，以及对知识产权、商业秘密的窃取行为。

（2）对目标网站产生分布式拒绝服务攻击效果，导致大量时间、金钱损失的行为。

（3）涉及个人隐私数据抓取与贩卖的行为。

网络爬虫是把双刃剑，在使用网络爬虫爬取数据时，需要注意遵守相关法律规定，不做任何违法之举。

（三）网络爬虫的分类

网络爬虫按照系统结构和实现技术，大致可以分为通用网络爬虫、聚焦网络爬虫和增量式网络爬虫三类，下面分别对这三类爬虫进行简单介绍。

1. 通用网络爬虫

通用网络爬虫又称全网爬虫，爬取对象从一些关键的 URL 扩充到整个 Web，是搜索引擎的重要组成部分，爬取的范围和数量巨大，所以对爬取的速度与储存空间要求较高，但对爬取页面的顺序要求较低，通常采用并行爬取的方式进行，其爬取策略主要有深度搜索与广度搜索两种。

2. 聚焦网络爬虫

聚焦网络爬虫又称主题网络爬虫，从名称就能理解这类爬虫有一定的目的性，只聚焦于某一主题的网页以及网页内容，是面向特定需求的一种网络爬虫。与通用网络相比，其爬取范围小，数量也相对较少，故而对爬取速度与储存空间的要求，都没有通用网络爬虫那么高，极大地节省了硬件与网络资源，是数据分析常用的爬取手段。

3. 增量式网络爬虫

增量式网络爬虫是指对已下载网页采取增量式更新，以及只爬取新产生的或者已经发生变化网页的爬虫，增量式网络爬虫关注的是网页的实时变化，通常用于监测某一事务的发展现状，能够在一定程度上保证爬取到的是最新的网页信息。

二、编写爬虫的基本流程

编写爬虫程序与其他程序不同，没有复杂的算法，且几乎所有爬虫程序都有固定的编写流程，无须在代码逻辑上花费大量时间，下面简单介绍一下 Python 编写爬虫程序的一般流程：

（1）使用 request 函数打开 URL（网址）以获得网页 HTML 对象。

（2）获取网页源代码，在浏览器或记事本中分析网页结构以及元素节点。

（3）通过不同方式定位到需要爬取的元素位置，主要定位方式有 id 定位、name 定位、xpath 表达式定位、链接定位、标签定位、类名定位和 css 选择器定位等，再对元素进行提取文本等操作，这一过程还可以使用正则表达式解析文本的方式来达到同样的效果。

（4）在得到数据之后将数据储存到本地磁盘或数据库中。

在后面章节中，将对如何编写完整的爬虫程序进行详细的介绍。

【探讨实践】

常见爬虫应用有哪些？与同学讨论交流你知道的爬虫妙用。

【拓展训练】

了解 Python 常用爬虫库以及其用途，探讨为什么大部分爬虫程序都使用 Python 编写而不用 C++、Java 之类的语言。

任务二 文件读写方法使用

【问题引入】

学习了 Python 的基本操作原理之后，小张打算继续学习使用 Python 进行数据分析，而数据分析首先需要准备的就是数据，那么 Python 可以处理哪些类型的数据呢？又是如何处理的呢？能够实现批量处理吗？小张来实验室找到老师，希望他能够教会自己如何用 Python 处理本地数据。

【认知实践】

本任务所使用的函数及变量属性如表 3-1 所示。其中 Pandas 库主要用于表格类型数据的处理，通过使用以下程序导入并记为 pd。

```
import pandas as pd
```

一般用于演示的 DataFrame 变量若无特殊含义则以 df 命名。此外，还需要使用到的是 Python 自带的 os 库，该库能够实现系统相关的常用路径操作、进程管理、环境参数设置等几类的功能，在 Python 中通过以下程序进行导入。

```
import os
```

表 3-1 本节所出现的新函数及变量属性

代码	作　用
open()	打开文件
close()	关闭文件
read()	读取整个文件
readline()	读取一行
readlines()	返回一个每一行作为一个元素的列表

续　表

代码	作　　用
write()	以字符串形式写入文件
writelines()	以列表形式写入文件
pd.Series()	创建 Series 类型的变量
pd.DataFrame()	创建 DataFrame 类型的变量
df.loc()	选择 DataFrame 的某些行
df[]	选择 DataFrame 的某些列
df.iloc()	对 DataFrame 进行切片，选择某些行某些列
pd.read_excel()	读取 excel 文件
df.to_excel()	将 DataFrame 变量保存为 excel 文件
os.listdir()	读取目录下的所有文件
os.path.join()	拼接路径
os.rename()	修改文件名(完整的路径)

一、常用文件类型的读写方法

(一) 文本类文件读写

Python 进行数据分析一般读写的格式有 txt 格式的文本文件，以及 csv、xlsx 等格式的表格文件，下面我们将进行详细介绍。

1. 打开文件(open)

不管是读文件还是写文件，都需要先打开文件。在 Python 中打开文件使用的是 open 函数，open 有两个参数：

```
open('file', 'mode')
```

其中，file 参数输入要读取的文件的路径，mode 参数可不加，若不加则默认为只读模式，其常用的参数选择有：

r：文件只能读取，若文件不存在则会报错。

r+：文件既能读取又能写入，若文件不存在则会报错，写入时会覆盖原内容。

w：文件只能写入，若文件不存在则会先创建再写入，写入时会覆盖原内容。

w+：文件既能读取又能写入，若文件不存在则会先创建再写入，写入时会覆盖原内容。

a：追加模式，若文件不存在则会先创建再写入，对文件的写入在最末尾进行。

a+：文件既能读取又能写入，若文件不存在则会先创建再写入，对文件的写入在最末尾进行。

如果需要读取二进制文件，则需要在字母后加上 b，如 rb、rb+等。例如，要读取 C 盘下载文件夹下的 a.txt 文件并以 f 来命名此文件对象，首先在该目录下新建一个名为 a.txt 的文件，然后进行 Python 操作。使用的代码命令如[例 3-1]所示。

[例 3-1]

代码

```
f = open('C:/下载/a.txt','r')# 读取
f = open('C:/下载/a.txt','w')# 写入
```

2. 关闭文件(close)

文件的关闭使用 close 函数,代码命令如[例 3-2]所示。

[例 3-2]

代码

```
f = open('C:/下载/a.txt','r') #以只读模式打开文件
f.close() #关闭文件
```

如果处理完文件不使用 close 函数关闭文件的话,即使在屏幕上看不到,打开的文件也可能会在后台一直运行着;所以应当养成使用 close 函数的好习惯,当然也有另一种解决方法,即使用 with 关键字打开文件,使用的代码命令如[例 3-3]所示。

[例 3-3]

代码

```
with open('C:/下载/a.txt') as f: #以 with 关键字打开文件
```

使用上述代码,当执行完对文件的操作之后,Python 将会自动关闭文件,而不需要再使用 close 函数。

3. 读取文件

读取文件需要学习的函数有 read、readline、readlines 三个:

```
f.read(size)
f.readline(size)
f.readlines(sizeint)
```

read 与 readline 函数都有一个参数 size,表示从文件读取的字节数,readlines 的 readint 参数也与之类似,默认为读取全部。read 函数会读取一些数据并将其作为字符串(在文本模式下)或字节对象(在二进制模式下)返回。readline 函数从文件中读取整行,包括换行符'\n',如果 f.readline() 返回一个空的字符串,则表示已经到达了文件末尾。而空行使用'\n'表示,该字符串只包含一个换行符,readline 方法会记住上一个 readline 函数读取的位置,接着读取下一行。如果需要遍历文件的每一行,就可以使用 readline 函数。readlines 函数比 readline 函数多了一个 s,所以可以理解为 readlines 函数就是读取文件里面的所有行的,不过 readlines 函数返回的是一个文件里所有行组成的列表。现在要在文本文件 a.txt 中写入如图 3-1 所示的文字,并读取文件内容。

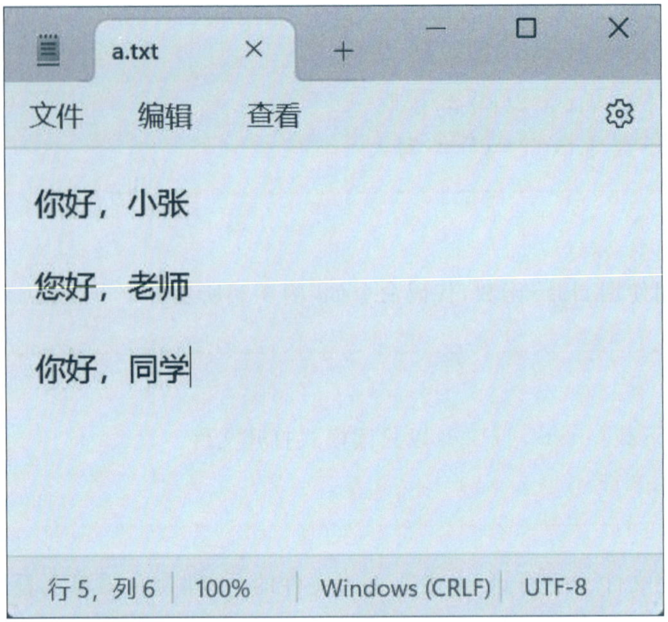

图 3-1 记事本 a.txt 内容

使用的代码命令与结果如[例 3-4]所示。

[例 3-4]

代码

```
# encoding='utf-8'代表用 utf-8 的编码进行读取，记事本右下角可看到文件编码，下同
with open('c:/下载/a.txt', encoding='utf-8') as f:
    print(f.read()) #读取全文
with open('c:/下载/a.txt', encoding='utf-8') as f:
    print(f.readline()) #读取第一行
    print(f.readline()) #接着读第二行
with open('c:/下载/a.txt', encoding='utf-8') as f:
    print(f.readlines()) #读每一行，以列表形式返回
```

输出结果

```
你好，小张
您好，老师

你好，同学
你好，小张

['你好，小张\n', '\n', '您好，老师\n', '\n', '你好，同学']
```

第一个函数输出了 a.txt 的完整内容；第二个函数输出了两次：第一次输出了 a.txt 中的一行，第二次输出的是空白行；第三个函数以列表的方式输出了 a.txt 中的每一行。

4. 写入文件

写入文件的操作有 write 与 writelines 两个函数：

```
f.write(str)
f.writelines(sequence)
```

write 函数的 str 参数是要写入的字符串，writelines 函数的 sequence 参数是一个以字符串为元素的列表，依次写入文件而不自动换行，写操作相比读操作简单，此处不过多赘述，如先使用 w 模式创建并写入一行，再用 a 模式在创建好的文件后面追加内容，实例使用的代码命令与结果如[例 3-5]和图 3-2 所示。

[例 3-5]

代码

```
#以只写模式用 with 打开文件，文件原来不存在，会自动创建一个以 b.txt 命名的空白文件
with open('c:/下载/b.txt', 'w') as f:
    f.write('你好，小张') #写入“你好，小张”
with open('c:/下载/b.txt', 'a') as f: #以追加模式使用 with 关键字打开 b.txt 文件
    f.write('您好，老师') #写入“您好，老师”
    f.writelines(['你', '好', '，同学']) #写入“你”，写入“好”，写入“，同学”
```

输出结果(图 3-2)

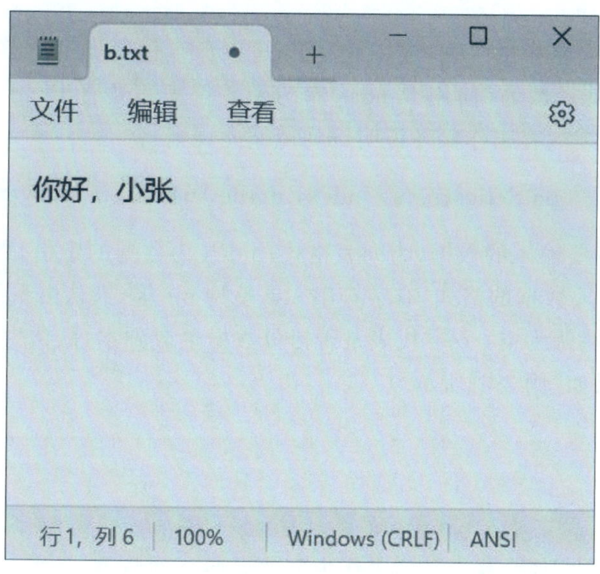

图 3-2 记事本 b 第一次写入结果

记事本 b 第二次写入结果如图 3-3 所示，可以看到字符串虽然成功写入了，但并没有自动换行，所以如果想要写入的字符串换行，应该加上换行符'\n'。

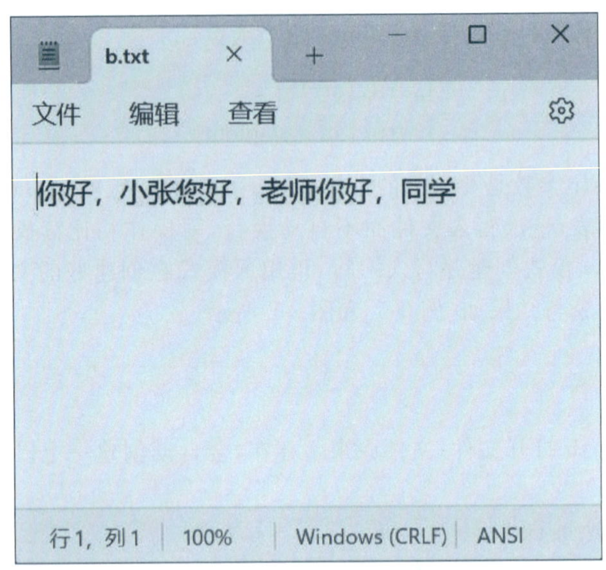

图 3-3 记事本 b 第二次写入结果

（二）表格类文件读写

虽然在 Windows 系统里，最常用的表格处理工具是 Microsoft Excel，但 Python 主要是通过 Pandas 库进行的，所以本节主要介绍 Pandas 库的应用，以及与 Excel 表格之间的相互转换。

1. 创建 Series 类型的变量

Series 类似于表格中的一列，或一维数组，可以保存任何类型的数据，Series 由索引与值两部分组成，其函数为（使用 Pandas 库的函数首先需要将 Pandas 库导入，为方便将其简写为 pd，后续内容未作额外说明则均遵循此规则）：

pd.Series(data, index, dtype, name, copy)

data 参数代表要输入的数据，为列表格式；index 为数据的索引，默认从 0 开始逐个加 1；dtype 代表输入数据的格式，有字符串 str，整型 int 等，默认由系统自行判断；name 是给 Series 命名，默认为空；copy 代表是否拷贝数据生成副本，默认为 False。实例使用的代码命令与结果如［例 3-6］所示。

［例 3-6］

代码

```
import pandas as pd # 导入 pandas 库并记为 pd
listOne = ['你', '我', '他'] # 定义列表作为创建 Series 的数据
s = pd.Series(listOne, index=['a', 'b', 'c'], name='人称') # 以 listOne 列表为数据创建标签为 a, b, c，名称为人称的 Series 数据
print(s)
```

输出结果

```
a    你
b    我
c    他
Name：人称，dtype：object
```

其中 a，b，c 为索引，你、我、他为值，对象的名字为人称，数据类型为 object。

2. 创建 DataFrame 类型的变量

Series 数据只是一列，而实际中通常使用到的数据都是以表格形式出现的，这就需要用到数据结构 DataFrame。DataFrame 是一个表格型的数据结构，它含有一组有序的列，与 Series 一样，同样可以保存任何类型的数据，DataFrame 既有行索引又有列索引，它的每一列都可以看作是一个 Series，不过这些 Series 共用同一个索引，其函数为：

pd.DataFrame(data，index，columns，dtype，copy)

其参数含义基本与 Series 一致，所不同的有 data 为一组 ndarray(n 维数组)、Series、list(列表)、dict(字典)等类型的数据，index 代表行索引也称行标签，是一列值，与 Series 中一致，而 columns 则代表列索引也称列标签，是一行值，可以看成是每一个组成 DataFrame 的 Series 的名字。假设班级中有小张、小明与小红三位同学，现要将他们的年龄录入 DataFrame 中，使用的代码命令与结果如[例 3-7]所示。

[例 3-7]

代码

```
import pandas as pd #导入 pandas 库并记为 pd
#创建二维列表，即一个列表里的元素为一个个列表
data = [['小张', 19], ['小明', 21], ['小红', 20]]
#创建 DataFrame，以二维列表作为数据，列标签为“名字”，“年龄”，行标签为 1, 2, 3
df = pd.DataFrame(data, columns=['名字','年龄'], index=[1, 2, 3])
print(df)
```

输出结果

```
   名字  年龄
1  小张  19
2  小明  21
3  小红  20
```

其中名字和年龄代表列标签，1，2，3 代表行标签、小张、19 等代表数据的值，如“小明”代表第二行名字列单元格的值。还可以使用字典创建，只需令：

data = {'姓名':['小张', '小明', '小红'], '年龄':['19', '21', '20']}

其他不变就能得到一样的结果。

3. 选择 DataFrame 的行和列

创建完 DataFrame 后，接下来需要学习如何处理其中的数据。如果想要取行数据，可以使用 DataFrame 的 loc 属性，实例使用的代码命令与结果如[例 3-8]所示。

[例 3-8]

代码

```
import pandas as pd # 导入 pandas 库并记为 pd
# 创建二维列表，即一个列表里的元素为一个个列表
data = [['小张', 19], ['小明', 21], ['小红', 20]]
# 创建 DataFrame，以二维列表作为数据，列标签为“名字”，“年龄”，行标签为 1, 2, 3
df = pd.DataFrame(data, columns=['名字','年龄'], index=[1, 2, 3])
print(df.loc[1]) # loc[1]代表取第一行
print(df.loc[[1, 3]]) # loc[[1, 3]]代表取第一行、第三行
```

输出结果

```
名字    小张
年龄    19
Name: 1, dtype: object
   名字  年龄
1  小张  19
3  小红  20
```

第一个命令为读取第一行，第二个命令为读取第一行和第三行。中括号中的数字代表所要选取行的行标签，选取一行输出的实际上是一个 Series 数据，若要选取多行需要使用两个中括号，若没有设定行标签则默认为从 0 开始的自然数。

若取列的话，直接在变量名之后加上[列标签]即可，使用的代码命令与结果如[例 3-9]所示。

[例 3-9]

代码

```
import pandas as pd # 导入 pandas 库并记为 pd
# 创建二维列表，即一个列表里的元素为一个个列表
data = [['小张', 19], ['小明', 21], ['小红', 20]]
# 创建 DataFrame，以二维列表作为数据，列标签为“名字”，“年龄”，行标签为 1, 2, 3
df = pd.DataFrame(data, columns=['名字','年龄'], index=[1, 2, 3])
# 在 DataFrame 变量名后直接加上中括号，代表取列标签为“名字”的一列
print(df['名字'])
print(df[['名字', '年龄']]) # 取列标签为“名字”和“年龄”的两列
```

输出结果

```
1    小张
2    小明
3    小红
```

```
Name：名字，dtype：object
    名字  年龄
1   小张  19
2   小明  21
3   小红  20
```

与行类似，输出一列实际上也是一个 Series 数据，选取多列需要用两个中括号指定列名来完成。

4. 对 DataFrame 进行切片选择行或列

DataFrame 还有一个 iloc 属性非常实用，即对 DataFrame 进行切片，选择行或列。使用的代码命令与结果如例 3-10 所示。

[例 3-10]

代码

```
import pandas as pd ＃导入 pandas 库并记为 pd
＃创建二维列表，即一个列表里的元素为一个个列表
data = [['小张', 19], ['小明', 21], ['小红', 20]]
＃创建 DataFrame，以二维列表作为数据，列标签为"名字"，"年龄"，行标签为 1, 2, 3
df = pd.DataFrame(data, columns=['名字','年龄'], index=[1, 2, 3])
print(df.iloc[1, 1]) ＃取第二行第二列的数据，注意 Python 从 0 开始计数
print(df.iloc[0:2, 1]) ＃取第一行到第三行，第二列的数据
```

输出结果

```
21
1      19
2      21
3      20
Name：年龄，dtype：int64
```

第一个命令输出是第二行第二列单元格的数据（Python 索引从 0 开始），第二个输出为 0:2 行第二列的数据，可以看出 iloc 属性的用法其实跟列表的切片类似，只是对应的是二维列表。那么 iloc 与相似的 loc 是什么关系呢？其实 loc 与 iloc 的区别主要在于 loc 是通过取标签来得到行的，而 iloc 是通过切片的方式取得指定区域的数据，而切片传递的参数必须是整数索引，但标签可以是不同类型的数据形式。

5. 数据写入

在取得数据之后，又该如何对数据进行修改又或者说写入呢？其实很简单，只需要对取得的对象用"="进行赋值即可，例如，发现小张年龄搞错了，其实是 20 岁，并且加入了新同学小王，年龄是 18 岁，那么可以进行操作，使用的代码命令与结果如[例 3-11]所示。

[例 3-11]

代码

```
import pandas as pd #导入 pandas 库并记为 pd
data = [['小张', 19], ['小明', 21], ['小红', 20]] #创建二维列表,即一个列表里的元素为一个个列表
df = pd.DataFrame(data,columns=['名字','年龄'], index=[1, 2, 3]) #创建 DataFrame 数据,以二维列表作为数据,列标签为"名字","年龄",行标签为 1, 2, 3
print(df) #输出修改前的 DataFrame 数据
df.iloc[0, 1] = 20 #将第一行第二列的数据修改为 20
print(df) #输出修改后的 DataFrame 数据
df.loc['4'] = ['小王', 18] #将行标签为 4 的一行修改为第一列的值为小王,第二列的值为 18,由于没有行标签为 4 的行,故会创建新的行
print(df)
```

输出结果

```
   名字  年龄
1  小张  19
2  小明  21
3  小红  20
   名字  年龄
1  小张  20
2  小明  21
3  小红  20
   名字  年龄
1  小张  20
2  小明  21
3  小红  20
4  小王  18
```

由上述输出结果可以看到小张的年龄被修改为 20 岁,且小王的数据被新加入到 df 中。

6. 使用 DataFrame 读取 Excel 的数据

学会了 DataFrame 的基本操作以后,只需要将其与常用的 Excel 联系起来,就能学会在 Python 中操作表格类数据了,首先学习使用 DataFrame 读取 Excel 的数据,使用的函数为:

```
pd.read_excel(io, sheet_name, header, names, index_col, usecols, nrows)
```

由于参数较多,此处选择常用的进行讲解,io 代表文件的路径,sheet_name 代表要读取的工作表名称,header 代表使用哪一行作为列标签,names 为自定义行标签,index_col 代表使用哪一列作为行标签,usecols 代表要读取哪些列,nrows 代表需要读取多少行。网络爬取的一个茶叶品牌评价数据 Excel 表格(可从附录中的数据中心下

载）如图 3-4 所示。

	A	B	C	D	E	F
1	品牌	全部评价	好评	中评	差评	排名
2	乐品乐茶	100万+	67万+	8800+	6500+	1
3	八马	20万+	9.3万+	1200+	700+	2
4	福茗源	10万+	3万+	400+	400+	3
5	华源	10万+	2.5万+	400+	300+	4
6	第一江南	5万+	1.4万+	80+	80+	5
7	小茶日记	5万+	1.3万+	200+	100+	6
8	闽景印象	5000+	2900+	10+	10+	7

图 3-4　茶叶评价数据表格

现在将其读入 DataFrame 中，使用的代码命令与结果如[例 3-12]所示。

[例 3-12]

代码

```
import pandas as pd # 导入 pandas 库并记为 pd
df = pd.read_excel('C:/下载/茶叶评价数据.xlsx', index_col = '排名', usecols=[0,
1, 2, 5], nrows=5) # 读取 tea.xlsx 文件，以排名作为列标签，只读取第 1, 2, 3, 6 列，
只读取五行
print(df)
```

输出结果

```
     品牌        全部评价      好评
排名
1    乐品乐茶    100 万+       67 万+
2    八马        20 万+        9.3 万+
3    福茗源      10 万+        3 万+
4    华源        10 万+        2.5 万+
5    第一江南    5 万+         1.4 万+
```

可以看到输出结果以排名作为行标签，只读取了第 1, 2, 3, 6 列，读取前 5 行，接下来计算好评率并写到新增的一列上，使用的代码命令与结果如[例 3-13]所示。

[例 3-13]

代码

```
import pandas as pd # 导入 pandas 库并记为 pd
df = pd.read_excel('C:/下载/茶叶评价数据.xlsx', index_col = '排名', usecols=[0,
1, 2, 5], nrows=5) # 读取 tea.xlsx 文件，以排名作为列标签，只读取第 1, 2, 3, 6 列，
只读取五行
def getNum(x): # 定义函数，将数据通过切片的方式去掉"万+"并转化为浮点型
```

```
    return float(x[:-2])
df['好评率']=df['好评'].apply(getNum) * 100/df['全部评价'].apply(getNum) #将好评与全部评价两列的数据使用 getNum 函数转化格式后相除再乘 100 得到好评占全部评价的百分比
print(df)
```

输出结果

	品牌	全部评价	好评	好评率
排名				
1	乐品乐茶	100 万+	67 万+	67.0
2	八马	20 万+	9.3 万+	46.5
3	福茗源	10 万+	3 万+	30.0
4	华源	10 万+	2.5 万+	25.0
5	第一江南	5 万+	1.4 万+	28.0

因为输入的评价量为字符串类型，需要首先定义函数提取出数值再进行计算，apply 是 DataFrame 对每个元素调用函数的用法，此处不展开。

7. 将 DataFrame 变量保存为 Excel 文件

对 DataFrame 的操作即使用了赋值的方法新增了好评率列后，需要将其写入一个新的 Excel 文件中，使用的函数为：

df.to_excel(excel_writer, sheet_name...)

其中，df 为 DataFrame 对象的名称，excel_writer 为文件的路径，sheet_name 为要写入的工作表的名字，默认为 Sheet1，现在将上面修改好的 DataFrame 对象写入新的 Excel 文件中。

使用的代码命令与结果如[例 3-14]和图 3-5 所示。

[例 3-14]

代码

```
import pandas as pd #导入 pandas 库并记为 pd
df = pd.read_excel('C:/下载/茶叶评价数据.xlsx', index_col = '排名', usecols=[0, 1, 2, 5], nrows=5) #读取 tea.xlsx 文件，以排名作为列标签，只读取第 1, 2, 3, 6 列，只读取五行
def getNum(x): #定义函数，将数据通过切片的方式去掉"万+"并转化为浮点型
    return float(x[:-2])
df['好评率']=df['好评'].apply(getNum) * 100/df['全部评价'].apply(getNum) #将好评与全部评价两列的数据使用 getNum 函数转化格式后相除再乘 100 得到好评占全部评价的百分比
df.to_excel('C:/下载/求取好评率.xlsx') #将新的数据写入到本地的 excel 文件中
```

输出结果(图 3-5)

	A	B	C	D	E
1	排名	品牌	全部评价	好评	好评率
2	1	乐品乐茶	100万+	67万+	67.0
3	2	八马	20万+	9.3万+	46.5
4	3	福茗源	10万+	3万+	30.0
5	4	华源	10万+	2.5万+	25.0
6	5	第一江南	5万+	1.4万+	28.0

图 3-5　加入好评率列后输出表格

二、文件批量重命名的方法

1. 重命名文件的读取

对本地文件的操作主要通过 os 库来处理，首先进行需要重命名文件的读取，使用遍历文件夹函数：

os.listdir(path)

其中，path 为需要遍历的文件夹的路径，使用的代码命令与结果如[例 3-15]所示。

[例 3-15]

代码

```
import os #导入 os 库
print(os.listdir('C:/下载')) #输出下载目录下的所有文件
```

输出结果

```
['a.txt', 'b.txt','求取好评率.xlsx', '茶叶评价数据.xlsx']
```

2. 拼接路径

路径拼接函数为：

os.path.join(path, filename)

其中，path 为上级文件夹的路径，filename 为文件的名称，使用这个函数就可以得到文件的路径，此处需要预先在 C 盘的下载目录下创建一个 tea2.xlsx 文件以供演示，获取路径使用的代码命令与结果如[例 3-16]所示。

[例 3-16]

代码

```
import os #导入 os 库
filePath = os.path.join('C:/下载/', 'tea2.xlsx') #拼接文件目录以及文件名
print(filePath)
```

输出结果

```
'C:/下载/tea2.xlsx'
```

3. 修改文件名

对文件重命名的函数：

os.rename(oldname, newname)

显然前一个参数为当前文件名，后一个为新的文件名，使用的代码命令与结果如[例 3-17]和图 3-6 所示。

[例 3-17]

代码

```
import os #导入 os 库
filePath = os.path.join('C:/下载/', 'tea2.xlsx') #旧的文件绝对路径名
os.rename(filePath, os.path.join('C:/下载/', 'tea3.xlsx')) #修改为新的文件绝对路径名
```

输出结果(图 3-6)

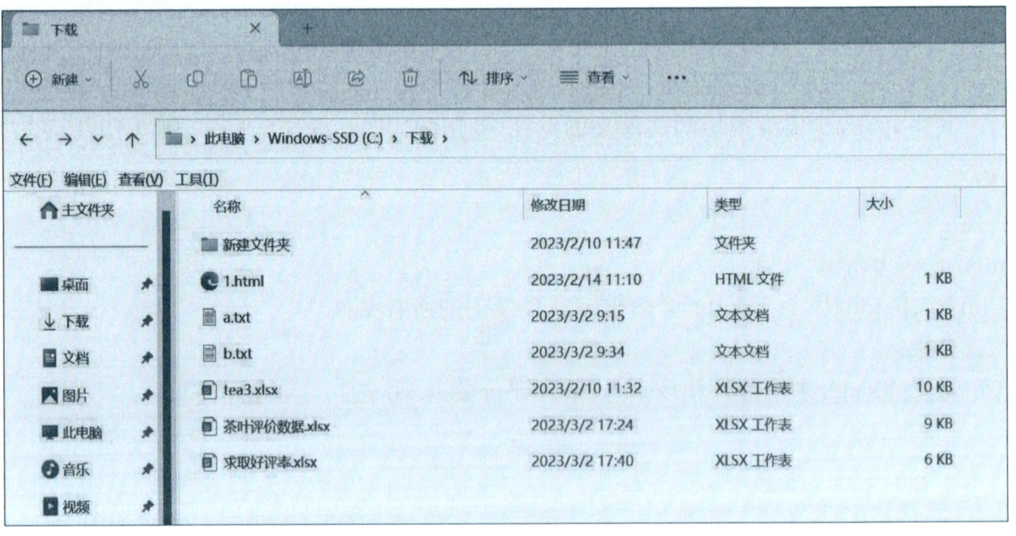

图 3-6　重命名后下载文件下的文件

此时打开文件夹可以看到 tea2.xlsx 文件已经被重命名为了 tea3.xlsx。

那么如何进行批量重命名呢？这就需要使用 for 循环。假设小明家是茶叶经销商，本月有一百份文件名损坏的报表(存在新建文件夹下，可从本书配套数字资源包中复制)，小明想使用 Python 对其进行重命名，使用的代码命令与结果如[例 3-18]所示。

[例 3-18]

代码

```
import os #导入 os 库
path = 'C:/下载/新建文件夹/' #指定需要修改名称的文件所在目录
fileList = os.listdir(path) #使用 listdir 可以得到该目录下的所有文件
```

```
i = 1
for name in fileList: #对目录下的所有文件循环操作
    oldName = os.path.join(path, name) #旧的地址为目录+文件名
    newName = os.path.join(path, str(i)+'.xlsx') #新的地址为目录+数字+.xlsx
    os.rename(oldName, newName) #将旧的名字重命名为新名字
    i += 1 #完成一个才重命名后文件名的数字+1
```

代码完成即可看到文件夹中的文件变成了名字从1到100排列的100个文件了。

【探讨实践】

本节学习的函数有哪些？分别有什么作用？分别适用于什么场景？

【拓展训练】

安装Pandas库，自己尝试文本型文件和表格型文件的操作处理。

任务三 网页采集方法使用

【问题引入】

在了解到网络爬虫的妙用之后，小张决定使用Python编写网络爬虫程序以爬取所需要的茶叶品类相关数据。为了成功编写程序爬取数据，小张开始学习Python爬虫常用的数据库Requests库和BeautifulSoup(bs4)库，并希望学习过后能够自己爬取某销售网站上不同茶叶品类的产品数据以及销售数据，并运用之前学习到的知识将其以Excel的格式保存在本地。

【认知实践】

本任务主要使用的函数及变量属性如表3-2所示。其中主要使用了Requests库以及bs4库的BeautifulSoup方法，使用以下程序进行导入。

```
import requests
from bs4 import BeautifulSoup
```

表 3-2　本节所出现的新函数及变量属性

代　码	作　　用
requests.get()	请求网址
response.encoding	请求网址的编码
response.status_code	请求的状态码
response.url	请求的网址
response.headers	请求的表头
response.cookies	请求的 cookies
response.text	请求网址的源码(字符串形式)
response.content	请求网址的源码(字节流形式)
decode()	解码为可读编码
BeautifulSoup()	解析网页源代码
soup.prettify	解析源码并转化为规范格式
soup.name	获取第一个名称为 name 的标签
soup.name1.name2	获取第一个名称为 name1 的标签的第一个名称为 name2 的子标签
soup.name.text	获取第一个名称为 name 的标签的文本内容
soup.name.attrs	获取第一个名称为 name 的标签的属性键值对
soup.name[key]	获取第一个名称为 name 的标签的 key 属性对应的属性值
soup.name.children	获取第一个名称为 name 的标签的所有子标签
soup.find_all()	找到源码中所有符合条件的标签
soup.find()	找到源码中第一个符合条件的标签

一、网页结构

在进行爬取需要的数据之前,需要了解 URL 的含义以及网页的构成。

我们每打开一个网页,都需要一个 URL,URL 是统一资源定位符,也就是网址。

每一个网页都对应着一个网址,编写的爬虫软件通过 URL 来定位到网页。URL 由一些比较简单的组件构成,包括协议、域名、端口号、路径和查询字符等。

一条常见的 URL 如下:

https://www.baidu.com/s?wd=python&ie=utf-8

该条 URL 代表在百度上搜索 Python 且编码为 utf-8。URL 规定了一些具有特殊意义的保留字符,例如,“?”用来分隔路径和查询参数等、“=”用来表示查询数据中的键值对以及“&”用于分隔多个查询键值对等。

在通过 URL 定位到网页之后,爬虫的任务就是对网页进行分析并从中提取出需要的数据。网页一般由三个部分组成:HTML(超文本标记语言)、CSS(层叠样式表)和 JavaScript(动态脚本语言),其中 HTML 负责定义网页的内容,是爬虫需要重点分析的部分。

HTML 是网页的基本结构，类似人体的骨骼。在网页的源代码中 HTML 标签同时带有“〈”与“〉”符号，与 Python 中使用中括号定义一个列表类似，常见的 HTML 标签如表 3-3 所示。

表 3-3　常见的 HTML 标签

标　签	含　义
〈! DOCTYPE html〉	声明为 HTML5 文档
〈html〉..〈/html〉	表示网页的根元素
〈head〉..〈/head〉	此元素包含了文档的元(meta)数据，如〈meta charset="gbk"〉定义网页编码格式为 gbk。
〈title〉..〈title〉	表示文档的标题
〈body〉..〈/body〉	表示用户可见的内容
〈div〉..〈/div〉	表示框架
〈p〉..〈/p〉	表示段落
〈ul〉..〈/ul〉	定义无序列表
〈ol〉..〈/ol〉	定义有序列表
〈li〉..〈/li〉表示列表项	表示列表项
〈img src="" alt=""〉	表示图片
〈h1〉..〈/h1〉	表示图片
〈a href=""〉..〈/a〉	表示超链接

下面是一个简单的例子，使用的代码命令与结果如[例 3-19]所示。

注意：在记事本中输入以下代码内容，存储类型选择为“所有类型”，文件命名为：1.html。打开 1.html 的结果如图 3-7 所示。

[例 3-19]

代码

```
〈! DOCTYPE html〉
〈html〉
    〈head〉
        〈meta charset="utf-8"〉
        〈title〉大数据技术应用基础〈/title〉
    〈/head〉
    〈body〉
        〈a href="https://www.baidu.com"〉点击搜索〈/a〉
            〈h1〉大数据技术应用基础〈/h1〉
            〈h2〉Python 爬虫〈/h2〉
            〈div〉
                〈p〉认识网页结构〈/p〉
                〈ul〉
```

```
                <li>HTML</li>
                <li>CSS</li>
            </ul>
        </div>
    </body>
</html>
```

输出结果(图 3-7)

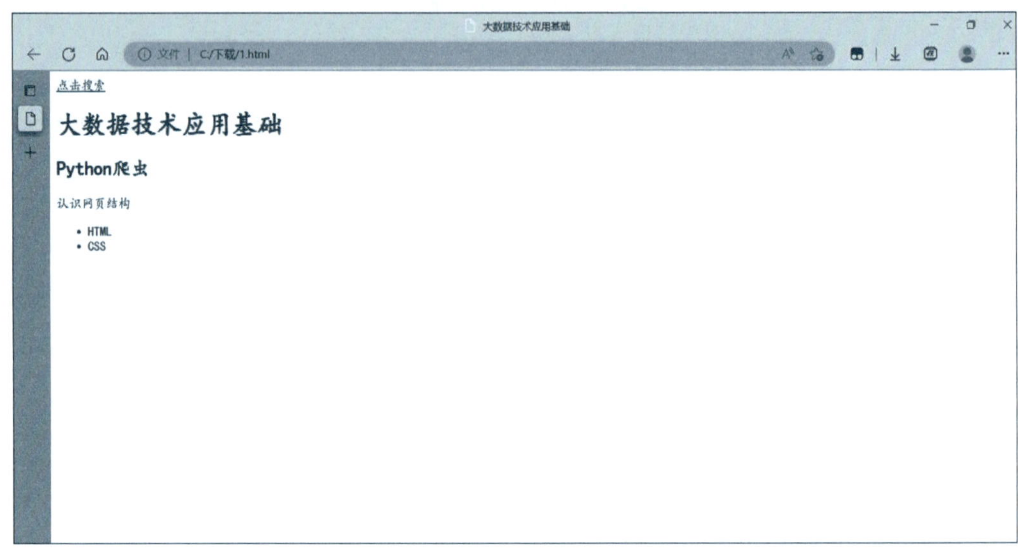

图 3-7　打开 1.html 的结果

从输出结果可以看出，网页的标题为“大数据技术应用基础”，在最上方有一个指向百度的搜索超链接，接着是一级标题与二级标题，下面是一个段落以及两个列表项。

在了解网页结构之后，我们就能快速地定位到想要获取数据的元素及其位置信息，这在爬虫程序中是非常重要的一步。

二、Requests 库的使用方法

要对网页内容进行爬取，先要请求网页的回应。Python 提供了多个用来编写爬虫程序的库，其中 urllib 库是属于 Python 内置的标准库模块，无须安装即可使用。除此之外，还有更为常用的 Requests 库。Requests 库是一个第三方库，是在 urllib 库的基础上开发而来的。与 urllib 库相比，Requests 库更加方便快捷，因此在实际中更常用，此处以 Requests 库展开讲解 Python 网络爬虫对网页请求的方法。常用的请求函数为：

```
requests.get(url, headers, params, timeout)
```

其中，参数 url 为网址，headers 代表表头，其中有浏览器标识等信息，params 代表传入网页的参数，timeout 代表最大请求时间，超过时间则抛出异常。案例使用的代码命令与结果如[例 3-20]所示。

[例 3-20]

代码

```
import requests # 导入 requests 库
url = 'https://www.baidu.com' # 定义要访问的网址
response = requests.get(url) # 请求网址
print(response) # 放回网址的回应
data = {
    'name': '百度',
    'url': "www.baidu.com"
} # 要传入请求网址的参数
response = requests.get('http://httpbin.org/get', params=data) # 使用 get 方法请求网页,也可直接请求 http://httpbin.org/get?name=百度&url=www.baidu.com。
print(response.text) # 以字符串形式输出网页源代码,下面详细讲解
```

输出结果

```
<Response [200]>
{
  "args": {
    "name": "\u767e\u5ea6",
    "url": "www.baidu.com"
  },
  "headers": {
    "Accept": "*/*",
    "Accept-Encoding": "gzip, deflate",
    "Host": "httpbin.org",
    "User-Agent": "python-requests/2.24.0",
    "X-Amzn-Trace-Id": "Root=1-63e9fe6c-537618646df73e5c62e3c536"
  },
  "origin": "121.32.153.224",
  "url": "http://httpbin.org/get?name=\u767e\u5ea6&url=www.baidu.com"
```

输出结果中 httpbin 是一个在 Github 上托管的开源项目，当请求该网站时会返回相应的响应信息。Response [200]代表请求成功，与网页成功连通。通过 params 传入参数的方法与在网址后直接拼接参数再请求的方法效果是一致的。

通过 Requests 库请求后网页将返回一个 HttpResponse 响应对象，其拥有许多属性，此处选取常用属性展示，使用的代码命令与结果如[例 3-21]所示。

[例 3-21]

代码

```
import requests #导入 requests 库
response = requests.get('http://www.baidu.com') #请求百度的网址
print(response.encoding) #输出网页的编码
response.encoding="utf-8" #将得到的网页编码转化为"utf-8"
print(response.status_code) #输出请求的状态码,200 表示连通
print(response.url) #输出请求的网址
print(response.headers) #输出发起请求的表头
print(response.cookies) #输出此次访问的 cookies
print(response.text) #以字符串形式输出网页源代码
print(response.content) #以字节流形式输出网页源代码
```

输出结果

```
ISO-8859-1
200
http://www.baidu.com/
{'Cache-Control': 'private, no-cache, no-store, proxy-revalidate, no-transform', 'Connection': 'keep-alive', 'Content-Encoding': 'gzip', 'Content-Type': 'text/html', 'Date': 'Mon, 13 Feb 2023 09:30:00 GMT', 'Last-Modified': 'Mon, 23 Jan 2017 13:27:57 GMT', 'Pragma': 'no-cache', 'Server': 'bfe/1.0.8.18', 'Set-Cookie': 'BDORZ=27315; max-age=86400; domain=.baidu.com; path=/', 'Transfer-Encoding': 'chunked'}
<RequestsCookieJar[<Cookie BDORZ=27315 for .baidu.com/>]>
#后两项为网页源代码内容过长,此处忽略
```

(1) 输出结果中 encoding 表示网页编码,对其赋值可以转换请求得到网页的编码,此处将“ISO-8859-1”编码转化为“utf-8”编码。

(2) status_code 表示状态码,200 为连通状态,其他状态码还有:404 表示服务器未找到,503 代表连接超时等。

(3) url 表示请求的 URL。

(4) headers 代表头信息,可以看到其中有浏览器标识、请求时间、网页最后更新时间等信息。

(5) cookies 表示访问的 cookies 信息,是根据本地访问信息生成的一条链接,此处不作展开。

(6) text 表示以字符串形式返回网页源代码。

(7) content 表示以字节流形式放回网页源代码,若要下载图片需要使用 content 属性。

三、BeautifulSoup 库的使用方法

在完成对网页的请求之后,Python 会返回一个 HttpResponse 响应对象,下一步,

需要使用解析库对其进行解析然后就可以定位元素并提取需要的数据。本节将对 BeautifulSoup 展开讲解，BeautifulSoup 简称“bs4”（其中“4”表示版本号）是一个 Python 第三方库，它可以从 HTML 或 XML 文档中快速地提取指定的数据。BeautifulSoup 语法简单，使用方便，并且容易理解，是 Python 编写爬虫程序一个十分好用的库。

在得到 HttpResponse 响应对象后，先要使用文档解析器将其解析为 bs4 可以解析的 HTML 格式，使用的函数为：

BeautifulSoup(source, parser)

其中，source 代表要解析的网页源代码，parser 代表选择的解析器，在 Python 中可以选择 lxml 解析器、xml 解析器等，使用 BeautifulSoup 函数会将不完整的网页源代码自动补全，函数返回的是一个 BeautifulSoup 类型的对象，其中一个属性 prettify 可以将网页源代码规范化，更多属性见下文，BeautifulSoup 函数的具体案例使用的代码命令与结果如[例 3-22]所示。

[例 3-22]

代码

```
from bs4 import BeautifulSoup #导入 BeautifulSoup 库
txt = """
<html><head><title>"百度"</title></head>
<body>
<p class="title"><b>www.baidu.com</b></p>
<p class="website">百度搜索
<a href="https://news.baidu.com/" id="link1">新闻</a>
<a href="http://image.baidu.com" id="link2">图片</a>
""" #txt 为一串不完整的 html 源码
soup = BeautifulSoup(txt,'lxml') #对 txt 进行解析,使用 lxml 解析器
print(soup.prettify) #输出规范解析后规范的 html 源码
```

输出结果

```
<html>
 <head>
  <title>
   "百度"
  </title>
 </head>
 <body>
  <p class="title">
   <b>
    www.baidu.com
   </b>
  </p>
  <p class="website">
```

```
    百度搜索
    <a href="https://news.baidu.com/" id="link1">
      新闻
    </a>
    <a href="http://image.baidu.com" id="link2">
      图片
    </a>
   </p>
  </body>
</html>
```

本实例首先导入 BeautifulSoup 库。txt 是一个并不完整的 HTML 文本，使用 BeautifulSoup 函数进行解析，第一个参数填入要解析的文本，第二个参数填写需要使用的解析器。解析器选择 lxml。可以看到在 txt 里的文本实际上缺少了结尾，而通过解析之后可以得到完整且格式化的 HTML 格式的文档。

接下来就可以开始对 BeautifulSoup 对象进行具体分析，BeautifulSoup 将复杂 HTML文档转换成一个复杂的树形结构，每个节点都是 Python 对象，所有对象可以归纳为 4 种，如[例 3-22]中的 HTML 文档可以转化成图 3-8 所示的树形结构。

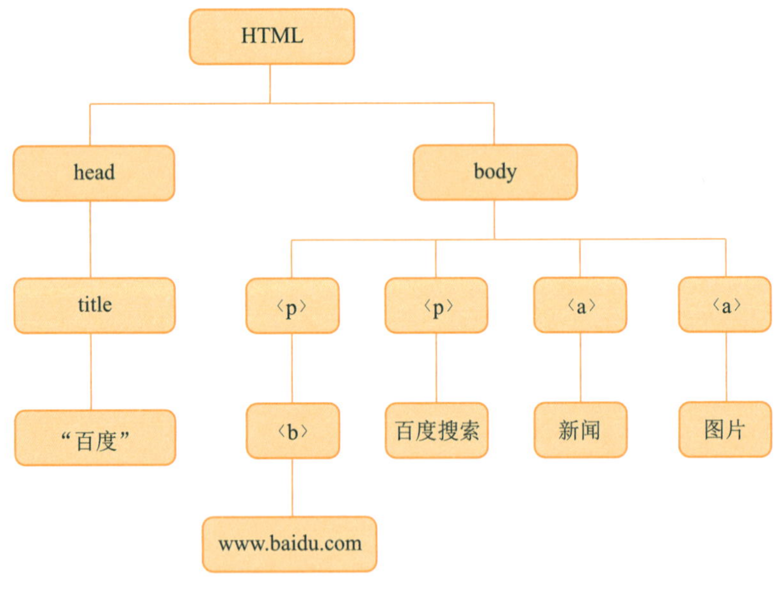

图 3-8　网页结构数树

在 BeautifulSoup 的树中每一个节点都是一个 Python 对象，包含有四类：

(1) Tag：标签类，对应 HTML 文档中的标签。

(2) NavigableString：字符串类，对应标签中的文本内容。

(3) BeautifulSoup：表示一个 HTML 文档的全部内容。

(4) Comment：表示 HTML 文档中的注释内容或特殊字符串，可以看作一个特殊

的 NavigableString。

以[例 3-22]中的 HTML 文档作为案例，使用的代码命令与结果如[例 3-23]所示。

[例 3-23]

代码

```
from bs4 import BeautifulSoup #导入 BeautifulSoup 库
txt = """
<html><head><title>"百度"</title></head>
<body>
<p class="title"><b>www.baidu.com</b></p>
<p class="website">百度搜索
<a href="https://news.baidu.com/" id="link1">新闻</a>
<a href="http://image.baidu.com" id="link2">图片</a>
""" #txt 为一串不完整的 html 源码
soup = BeautifulSoup(txt,'lxml') #对 txt 进行解析，使用 lxml 解析器
print(soup.p) #输出 soup 中的第一个名称为 p 的标签
print(soup.p.b) #输出 soup 中的第一个名称为 p 的标签的第一个名称为 b 的子标签
print(soup.p.text) #输出 soup 中的第一个名称为 p 的标签中的文本内容
print(soup.p.attrs) #输出 soup 中的第一个名称为 p 的标签中所有属性与属性值的键值对
print(type(soup.p)) #输出 soup 中的第一个名称为 p 的标签的变量类型
print(soup.p['class']) #输出 soup 中的第一个名称为 p 的标签的 class 属性对应的值
soup.p['class']=['Web','Site'] #将 soup 中的第一个名称为 p 的标签的 class 属性修改为"Web Site"
print(soup.p) #输出 soup 中的第一个名称为 p 的标签
```

输出结果

```
<p class="title"><b>www.baidu.com</b></p>
<b>www.baidu.com</b>
www.baidu.com
{'class': ['title']}
<class 'bs4.element.Tag'>
['title']
<p class="Web Site"><b>www.baidu.com</b></p>
```

(1) 直接使用 soup.p 读取的是 soup 中第一个 p 标签。

(2) soup.p.b 用来读取第一个 p 标签中的第一个 b 标签。

(3) 使用 soup.p.text 可以读取 p 标签中的文本内容。

(4) soup.p.attrs 可以读取 p 标签中的所有属性与值。

(5) 从 type(soup.p)的结果可以看出 soup.p 返回的是一个 Tag 对象。

(6) soup.p['class']可以读取 p 标签中 class 属性对应的值，给其赋值可以改变

class 属性对应的值。

但在此 HTML 文档中 p 标签有两个，如何全部取得呢？Tag 对象提供了许多遍历 tag 节点的属性，例如：contents、children 用来遍历子节点；parent 与 parents 用来遍历父节点；而 next_sibling 与 previous_sibling 则用来遍历兄弟节点。此处使用 children 属性作为展示。使用的代码命令与结果如[例 3-24]所示。

[例 3-24]

代码

```
from bs4 import BeautifulSoup #导入 BeautifulSoup 库
txt = """
<html><head><title>"百度"</title></head>
<body>
<p class="title"><b>www.baidu.com</b></p>
<p class="website">百度搜索
<a href="https://news.baidu.com/" id="link1">新闻</a>
<a href="http://image.baidu.com" id="link2">图片</a>
""" #txt 为一串不完整的 html 源码
soup = BeautifulSoup(txt,'lxml') #对 txt 进行解析,使用 lxml 解析器
bodyTag = soup.body #将 soup 中的 body 标签赋值给 bodyTag
print(bodyTag)
print(bodyTag.children) #直接打印将返回一个迭代器,关于迭代器的知识作为拓展内容不作展开,此处可以使用 for 循环将迭代器中的元素打印出来
for childTag in bodyTag.children: #遍历打印 body 标签的子标签
    print(childTag)
```

输出结果

```
<body>
<p class="title"><b>www.baidu.com</b></p>
<p class="website">百度搜索
<a href="https://news.baidu.com/" id="link1">新闻</a>
<a href="http://image.baidu.com" id="link2">图片</a>
</p></body>
<list_iterator object at 0x000002481CCDDDF0>

<p class="title"><b>www.baidu.com</b></p>

<p class="website">百度搜索
<a href="https://news.baidu.com/" id="link1">新闻</a>
<a href="http://image.baidu.com" id="link2">图片</a>
</p>
```

从实例可以看到，利用 children 属性能取得 body 标签下的两个 p 标签。parent 属性则可以用来输出父节点，parents 属性输出包含父节点、祖父节点等的遍历器，其他属性也类似。

了解完 BeautifulSoup 对 HTML 文档的解析方法，接下来就可以尝试获取想要的数据，此处主要用到两个函数：

find_all(name, attrs, recursive, text, limit)

find(name, attrs, recursive, text)

这两个函数颇类似，不同之处在于 find_all 会返回一个所有符合条件的结果的列表，而 find 则返回第一个符合条件的结果，find 比 find_all 少的参数 limit 正是限制查找个数的，limit 的值大于等于 find_all 函数返回列表的长度。

其中参数 name 代表标签名，如 a、p 和 body 等。attrs 代表属性与值。recursive=True 表示遍历所有子孙节点，recursive=False 表示只遍历所有直接子节点。text 用来搜索文档中的字符串内容，该参数可以接受字符串、正则表达式、列表、布尔值等变量类型。此处以爬取茶叶品类网站使用的代码作为示例，代码与结果如[例 3-25]所示。

[例 3-25]

代码

```
import requests #导入 requests 库
from bs4 import BeautifulSoup #从 bs 库导入 BeautifulSoup 方法
url = 'http://1.13.252.233:8082/fstmicd/index.aspx?pintkey=ODA=&page='#要访问的网页
headers = {
    'User-Agent': "Mozilla/5.0 (Windows NT 10.0; Win64; x64; rv:82.0) Gecko/20100101 Firefox/82.0"
} # 表头信息，此处表明使用火狐浏览器访问，版本号为 82.0，需要更换其他浏览器，可以在网络上自行搜索
begin = 1  # 起始页
stop = 18  # 终止页
goodPrice = [] #创建一个空的保存列表保存爬取得到的数据
for i in range(begin, stop + 1):  # 遍历每一页得到商品属性
    url2 = url + str(i) #字符串拼接得到不同页的具体 url
    response = requests.get(url=url2, headers=headers)  # 使用 requests 库的get 方法请求网页
    html = response.content.decode()  # 获取网页源代码且解码(即转换为可读编码)
    soup = BeautifulSoup(html,'lxml')  # 使用 BeautifulSoup 解析网页源代码
    print(soup.prettify)  # 输出规范解析后规范的 html 源码
    prices = soup.find_all('p', class_='goods-price') #在说明中详细解释
    for price in prices: #遍历得到的每一个标签获取其中的价格属性
        goodPrice.append(price.text) #获取标签的文本内容即价格，并加入保存列表
print(goodPrice) #将保存列表打印出来
```

输出结果

['¥84.90', '¥190.00', '¥68.00', '¥75.90', '¥48.00', '¥268.00', '¥77.00', '¥96.00', '¥99.00', ...] #结果太长不全部展示

从所要爬取网页的 url 可以看出，只要在最后加上"&page="，再加上页数，就可以访问到指定的第几页，获取所有使用 for 循环依次访问到的从第 1 页到该页的网页商品属性数据。将网页的网址拼接好后先使用 requests 库进行请求，将得到的网页源代码进行解码之后传入 BeautifulSoup 方法进行解析，得到 BeautifulSoup 的树状结构。接着就是获取所需属性的关键一步了，这时的问题是如何给 find_all 函数传入参数以获得想要的属性值。此时可以在浏览器中使用开发者工具找到，如图 3-9 所示。

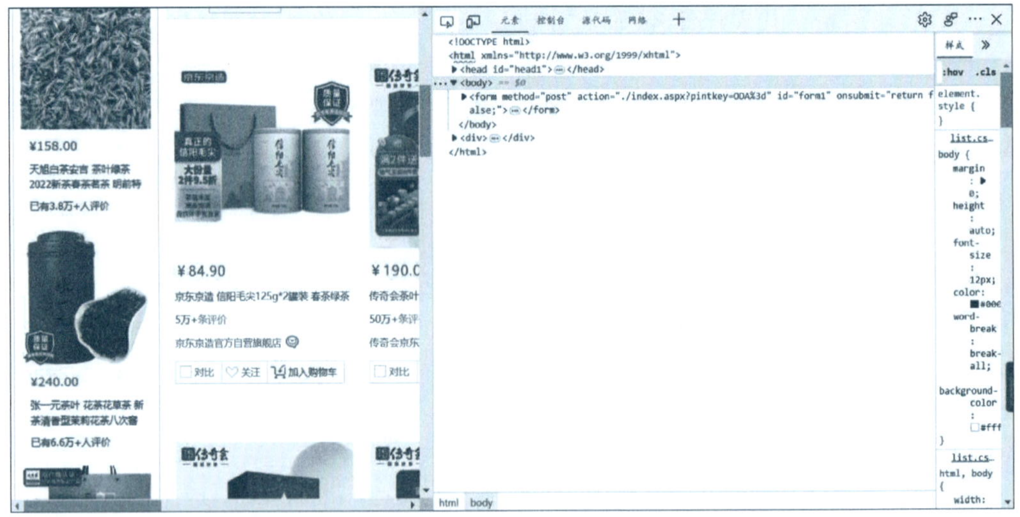

图 3-9　开发者工具

点击开发者工具左上角的选择元素检查功能，点击后该按钮将变为蓝色，然后点击第一个商品的价格，就会跳转到该属性对应的标签所在位置，如图 3-10 所示。

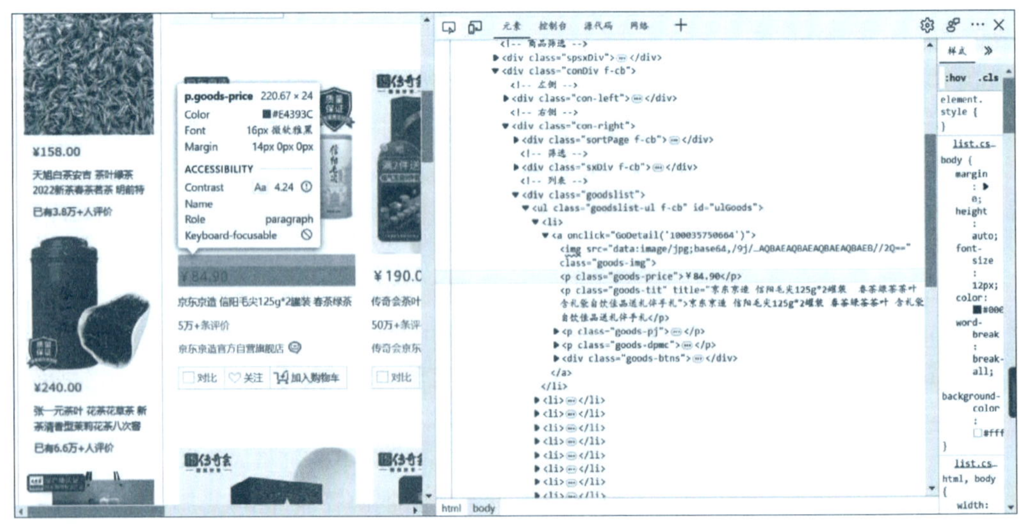

图 3-10　价格属性对应的标签

由此可以发现，该标签名称为 p，有一个属性 class 对应的值为 goods-price，于是可以通过 find_all 函数获取所有价格为 p，class 属性值为 goods-price 的标签，获取这些标签的文本就能得到想要的商品属性——价格的值。然后遍历每一页就可以得到 18 页所有商品的价格。

【探讨实践】

梳理编写爬虫程序的全过程，掌握各个函数的用途以及使用顺序。

【拓展训练】

安装本节所学习的爬虫需要的库并尝试自己动手编写一个爬虫软件爬取感兴趣的数据。

项目四
数据预处理

学习目标

● 能力目标

1. 理解数据预处理的流程，能独立完成数据预处理任务；
2. 掌握“脏数据”的发现与处理；
3. 掌握数据分类以及数据降维的方法。

● 素养目标

1. 养成数据规范化的思维；
2. 养成及时清洗数据，保证数据完整可用性的习惯；
3. 培养对数据的敏感度；
4. 培养以数据分析的视角看待数据的思维习惯。

知识图谱

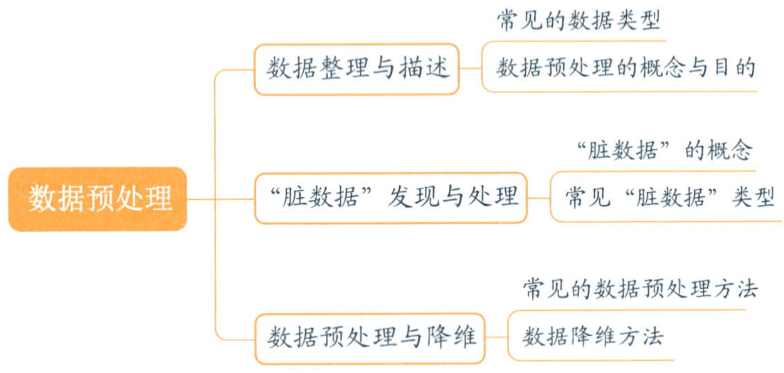

项目背景

小张在学习完数据爬取的知识后，将之前出现的茶叶品类数据爬取完全并将其保存为本地的 Excel 文件(可从附录中的数据中心下载，名称为“茶叶品类数据.xlsx”)，但是打开一看却发现其中内容非常混乱，根本不能用来做数据分析，于是小张决定先对该表格进行一些正式分析前的处理。

在本项目中，小张需要学习数据预处理相关的知识，弄清楚是什么导致爬取得到的数据看上去很混乱，并尝试将爬取到的数据表格通过数据预处理的方法，转化成清晰整洁的数据以便在下一步分析时使用。

任务一　数据整理与描述

【问题引入】

学习完网络爬虫之后，小张从网站上爬取下来不同茶叶品类的产品信息以及销售信息，但爬取下来的信息十分混乱，不仅有许多空白的单元格，还有许多单位没有统一，很多的数字也以文字形式来表示，这给数据分析带来诸多不便。小张决定先对混乱的数据进行整理。

【认知实践】

一、常见的数据类型

各种数据看上去似乎千变万化、各有不同，但是总体上还是可以分为四类：分类数据、顺序数据、间隔数据与比率数据，后两者可统称为数值数据。这四类数据分别对应分类尺度、顺序尺度、间隔尺度和比率尺度，所以也可称为定类数据、定序数据、定距数据和定比数据。随着尺度从小到大，可运算程度逐渐增大。关于四类数据更具体的介绍将在下文展开。

（一）分类数据

分类数据又称定类数据，是按照现象的某种属性对其进行分类或分组而得到的反映事物类型的数据。如茶叶的品牌有乐品乐茶、第一江南、福茗源等，人的性别有男与女，产业有工业、农业和服务业等，这些都是分类数据，它们之间没有数量上的关系和差异，一个种类对应一个名称，各类数据间不可进行加减乘除运算。

（二）顺序数据

顺序数据又称定序数据，只能归于某一有序类别的非数字型数据。虽然顺序数据也能代表类别，但代表的是有序的类别。例如，茶叶等级可分为特级、一级、二级和三级等，考试成绩可以分为优、良、中、及格以及不及格等，虽然依旧不能加减乘除，但可以进行比较，例如，特级茶叶优于一级茶叶，但从分类数据来说，不能说乐品乐茶的茶叶优于第一江南的茶叶。

动画视频：数据整理与描述

（三）间隔数据

间隔数据又称定距数据，相较于定类数据和定序数据而言，它对事物能进行准确测度。定距尺度不仅能比较各类事物的优劣，还能计算出各类事物之间差异的大小，所以其数据表现为“数值”。其典型的例子就是温度，我们可以准确地测量出温度，并且能够衡量温差。间隔数据可以进行加减运算，但不能进行乘除运算。

（四）比率数据

比率数据又称定比数据，与定距数据属于同一层次，它与定距尺度的区别在于是否有绝对零点，对温度来说，0 ℃表示在海平面高度上水结冰的温度，但对商品来说，销售量为 0，代表没有卖出商品，是代表“无”“没有”的意思，而对于温度来讲并不能说“没有”温度。另一方面，比率数据是可以进行加减乘除运算的，如重量，可以说 30 千克是 15 千克的两倍，但不能说 30 ℃是 15 ℃的两倍。

二、数据预处理的概念与目的

数据预处理是指对采集到的数据进行加工整理，形成适合数据分析的样式，保证数据的一致性和有效性，它是数据分析前必不可少的阶段。数据预处理的基本目的是从大量的、可能杂乱无章的、难以理解的数据中抽取并推导出对解决问题有价值的、有意义的数据。如果数据本身存在错误，那么即使采用最先进的数据分析方法，得到的结果也是错误的，不具备任何参考价值，甚至还会误导决策。小张爬取到的茶叶品类数据如图 4-1 所示，十分混乱，直接对其进行数据分析的建模工作十分困难，故需要先进行数据预处理，使得“脏数据”可以成为“整洁可用的数据”。

	品牌	商品名称	商品编号	商品毛重	商品产地	建议茶具	采摘要求	采摘地	发酵程度	类别	包装形式	净含量	生产许可证号
0	京东京造	京东京造	100035750664	0.56kg	中国大陆	飘逸杯，玻璃杯	一芽一叶，一芽两叶	河南	不发酵	信阳毛尖	罐装	250g	SC11441150200020
1	传奇会	传奇会传	100013320678	1.415kg	福建省安溪县	盖碗	一芽两叶	福建	半发酵	清香型	盒装	500g	SC11435052404153
2	小茶日记	小茶日记	100017536491	0.76kg	中国大陆	飘逸杯，盖碗	一芽一叶，一芽两叶	福建	全发酵	无烟种	罐装	500g	SC11435078210590
3	青源堂	青源堂莓	100028042475	140.00g	中国大陆					独立茶饮	罐装		{guige[主体.生产许
4	印象堂	印象堂绿	100015344306	0.58kg	福建省	盖碗，玻璃杯	一芽两叶，一芽一叶	福建	不发酵		袋装	500g	SC11435052403265
5	传奇会	传奇会传	100008150585	1.36kg	福建省武夷山	盖碗	一芽三叶，一芽四叶	福建	半发酵		盒装	500g	SC11435078208059
6	传奇会	传奇会铁	1279118	1.163kg	福建省安溪县	盖碗	一芽两叶	福建	半发酵	清香型	盒装	500g	SC11435052404153
7	狮峰	狮峰钱塘	100001451234	400.00g	中国大陆	玻璃杯	一芽两叶，一芽三叶	浙江	不发酵		纸包装	200g	SC11433010613370
8	乐品乐茶	乐品乐茶	4310032	455.00g	安徽省芜湖市	玻璃杯	一芽两叶，一芽一叶	四川	不发酵	宜宾毛尖	礼盒装	250g	SC11434020305232
9	华源	华源JDHC	100013666007	1.04kg	福建省南平市	飘逸杯，盖碗	一芽两叶	福建	全发酵	正山金骏眉	罐装	500g	SC11435078207283
10	乐品乐茶	乐品乐茶	4309994	250.00g	安徽省芜湖市	玻璃杯	一芽两叶	安徽	不发酵		罐装	250g	SC11434020305232
11	八马	八马金骏	8031362	178.00g	中国大陆福建	瓷碗，飘逸杯	一芽一叶，一芽两叶	福建	全发酵	外山金骏眉	罐装	80g	SC11435078205116
12	老谷头	老谷头人	10063699263034	495.00g						独立茶饮	罐装		{guige[主体.生产许
13	福茗源	福茗源四	100016448601	1.175kg	中国大陆	飘逸杯，玻璃杯	一芽两叶，一芽一叶	福建	不发酵		罐装	500g	SC11433010613667
14	八窨飘雪	八窨飘雪	100021609534	195.00g	四川省雅安市	飘逸杯，玻璃杯	一芽两叶，一芽三叶	四川	不发酵	蒙顶毛尖	罐装	125g	SC11451180300885
15	八百秀才	八百秀才	100007552433	1.2kg	广东清远英德	盖碗，飘逸杯	一芽两叶，一芽三叶	广东清远	全发酵	英红九号	罐装	500g	SC11444188100214
16	乐品乐茶	乐品乐茶	4310008	450.00g	安徽省芜湖市	玻璃杯	一芽一叶	四川	不发酵	宜宾毛尖	罐装	250g	SC11434020305232
17	狮峰	狮峰钱塘	6390648	280.00g	中国大陆	玻璃杯	一芽两叶，一芽一叶	浙江	不发酵		纸包装	200g	SC11433010613370
18	旭雅	旭雅-散装	10062780254415	0.63kg	中国大陆	玻璃杯	一芽两叶，一芽三叶	四川	不发酵	蒙顶毛峰	袋装	500g	SC11451180300885
19	八窨飘雪	八窨飘雪	100013573343	195.00g	四川省雅安市	飘逸杯，玻璃杯	一芽一叶，一芽两叶	四川	不发酵	蒙顶毛尖	罐装	125g	SC11451180300885
20	八马	八马龙井	100011534826	140.00g	中国大陆浙江	盖碗，玻璃杯	一芽三叶，一芽两叶	浙江	不发酵		罐装	50g	SC11433010613458
21	八马	八马正山	8031356	175.00g	中国大陆福建	飘逸杯，盖碗	一芽两叶，一芽三叶	福建	全发酵	无烟种	罐装	80g	SC11435078205116

图 4-1　茶叶品类数据图

在进行数据预处理之后，可以得到适用于数据分析的数据，而对于不同的数据采取的预处理策略可能有所不同。

【探讨实践】

讨论小张所爬取的数据都是什么类型的数据？存在什么问题？

【拓展训练】

对小张爬取的每个数据属性标注数据类型，并举例说明其他不同类型的数据。

任务二　“脏数据”发现与处理

【问题引入】

了解什么是数据预处理以及数据预处理的目的之后，小张准备从爬取到的茶叶品类数据着手，开始分析这杂乱无章的数据是如何形成的，什么是“脏数据”？“脏数据”的类型又有哪些？它们分别对数据分析造成了什么麻烦？在学习完本节后，小张将对“脏数据”有一个较为全面的认知。

【认知实践】

一、“脏数据”的概念

从前有一位桑叶茶经销商，为了方便运输货物在各地都建立了仓库，他建立了一个记录货物调度的数据库，并作了如下规定：在发生货物运转时，需要向数据库中加入运转的详细信息，如时间、仓库编号和货物量等。然而，有时由于数据员的疏忽，在录入信息时重复地录入了数据；有时由于网络的问题，在本地的录入信息没有发送到数据库中。久而久之，其他人员查询系统时得到了许多不准确的信息，这导致了经销商的许多决策失误，造成了巨大的经济损失。后来该经销商才意识到是数据出了问题，这才花费了许多人力和时间清除了积存在数据库中的“脏数据”。

当数据出现问题的时候，苦心构建的数据库就失去了应有的价值。正因如此，处理“脏数据”的工作就变得十分重要，且越早做越好。那么什么是“脏数据”呢？“脏数据”一般是指不符合要求以及不能直接进行相应分析的数据。当使用网络爬虫从互联网上爬取数据时，“脏数据”的出现是不可避免的，很少能够爬取得到可以直接适用于建立模型分析的“整洁数据”，因此，了解“脏数据”的类型，掌握识别与处理“脏数据”的能力尤为重要。

二、常见的“脏数据”类型

动画视频：“脏数据”的类型

尽管在一个混乱的数据集中可能存在许多“脏数据”，但它们大概可以分为以下几类：缺失值、异常值、重复值和不一致的值等。它们的成因各有不同，对数据分析的结果影响也各有不同。

（一）缺失值

缺失值，指的是数据中缺少某些记录或是一些记录中缺少某些属性。在小张爬取到的数据中就存在着许多缺失值，如图 4-2 所示，如果直接进行分析的话显然是不可行的。这类数据出现的原因很多，系统的或是人为的都有可能，可能是数据来源中根本不存在该数据，获取得到的自然为空，也可能是爬虫程序编写不正确导致获取不到该内容，还可能是本地操作时出现失误。缺失值主要影响的是数据的完整性，可能会导致数据分析时有用信息的丢失，导致无法从数据中提取更为准确的规律信息。

	品牌	商品名称	商品编号	商品毛重	商品产地	建议茶具	采摘要求	采摘地	发酵程度	类别	包装形式	净含量	生产许可证号
0	京东京造	京东京造	100035750664	0.56kg	中国大陆	飘逸杯，玻璃杯	一芽一叶，一芽两叶	河南	不发酵	信阳毛尖	罐装	250g	SC11441150200020
1	传奇会	传奇会传	100013320678	1.415kg	福建省安溪县	盖碗	一芽两叶	福建	半发酵	清香型	盒装	500g	SC11435052404153
2	小茶日记	小茶日记	100017536491	0.76kg	中国大陆	飘逸杯，盖碗	一芽一叶，一芽两叶	福建	全发酵	无烟种	罐装	500g	SC11435078210590
3	青源堂	青源堂莓	100028042475	140.00g	中国大陆					独立茶饮	罐装		{guige[主体.生产许
4	印象堂	印象堂绿	100015344306	0.58kg	福建省	盖碗，玻璃杯	一芽两叶，一芽一叶	福建	不发酵		袋装	500g	SC11435052403265
5	传奇会	传奇会传	100008150585	1.36kg	福建省武夷山	盖碗	一芽三叶，一芽四叶	福建	半发酵		盒装	500g	SC11435078208059
6	传奇会	传奇会铁	1279118	1.163kg	福建省安溪县	盖碗	一芽两叶	福建	半发酵	清香型	盒装	500g	SC11435052404153
7	狮峰	狮峰钱塘	100001451234	400.00g	中国大陆	玻璃杯	一芽两叶，一芽三叶	浙江	不发酵		纸包装	200g	SC11433010613370
8	乐品乐茶	乐品乐茶	4310032	455.00g	安徽省芜湖市	玻璃杯	一芽两叶，一芽一叶	四川	不发酵	宜宾毛尖	礼盒装	250g	SC11434020305232
9	华源	华源JDHC	100013666007	1.04kg	福建省南平市	飘逸杯，盖碗	一芽两叶	福建	全发酵	正山金骏眉	罐装	500g	SC11435078207283
10	乐品乐茶	乐品乐茶	4309994	250.00g	安徽省芜湖市	玻璃杯	一芽两叶	安徽	不发酵		罐装	250g	SC11434020305232
11	八马	八马金骏	8031362	178.00g	中国大陆福建	瓷碗，飘逸杯	一芽一叶，一芽两叶	福建	全发酵	外山金骏眉	罐装	80g	SC11435078205116
12	老谷头	老谷头人	10063699263034	495.00g						独立茶饮	罐装		{guige[主体.生产许
13	福茗源	福茗源四	100016448601	1.175kg	中国大陆	飘逸杯，玻璃杯	一芽两叶，一芽一叶	福建	不发酵		罐装	500g	SC11433010613667
14	八窨飘雪	八窨飘雪	100021609534	195.00g	四川省雅安市	飘逸杯，玻璃杯	一芽两叶，一芽三叶	四川	不发酵	蒙顶毛尖	罐装	125g	SC11451180300885
15	八百秀才	八百秀才	100007552433	1.2kg	广东清远英德	盖碗，飘逸杯	一芽两叶，一芽二叶	广东清远	全发酵	英红九号	罐装	500g	SC11444188100214
16	乐品乐茶	乐品乐茶	4310008	450.00g	安徽省芜湖市	玻璃杯	一芽一叶	四川	不发酵	宜宾毛尖	罐装	250g	SC11434020305232
17	狮峰	狮峰钱塘	6390648	280.00g	中国大陆	玻璃杯	一芽两叶，一芽一叶	浙江	不发酵		纸包装	200g	SC11433010613370
18	旭雅	旭雅 散装	10062780254415	0.63kg	中国大陆	玻璃杯	一芽两叶，一芽二叶	四川	不发酵	蒙顶毛峰	袋装	500g	SC11451180300885
19	八窨飘雪	八窨飘雪	100013573343	195.00g	四川省雅安市	飘逸杯，玻璃杯	一芽一叶，一芽两叶	四川	不发酵	蒙顶毛尖	罐装	125g	SC11451180300885
20	八马	八马龙井	100011534826	140.00g	中国大陆浙江	盖碗，玻璃杯	一芽三叶，一芽两叶	浙江	不发酵		罐装	50g	SC11433010613458
21	八马	八马正山	8031356	175.00g	中国大陆福建	飘逸杯，盖碗	一芽两叶，一芽三叶	福建	全发酵	无烟种	罐装	80g	SC11435078205116

图 4-2　缺失数据示例

（二）异常值

异常值，通常是指某一记录的某一属性与其他记录的该属性值差距较大，或者超出了该属性值的可取区间。异常值出现的原因可能是录入错误，或者是该记录本身较为特殊。例如，好评率超过了 100%，或是规格出现负数等，都需要考虑是不是异常值。异常值主要影响的是数据的准确性，如果将异常值代入数据分析模型中，可能产生偏差较大甚至荒谬的结果。

（三）重复值

重复值，是指数据中出现两条或两条以上重复的记录，或者是不完全重复但是极其相似的记录。例如，在茶叶品类的数据中如果出现两条除了商品名称以外其他属性值都相同的记录，则可以考虑这两条记录是否指向同一商品，是否为同一记录的重复录入。重复记录影响的是数据的有效性，考虑极端的情况，如果有一百条记录，每一条都重复一次，分析得到的结果将不变。而如果将其中一条重复一百次，其他不重复，则分析得到的结果很大程度上将由这重复的一百条记录决定。

（四）不一致的值

不一致的值可以指多个方面，既可以指同一属性的值格式不一致，也可以指其他属性相同的记录在某一属性上出现完全不同的属性值。对于前者，由于数据来源不同，搜集得到的数据可能会出现不同的格式，如图 4-3 所示，在商品毛重这一属性中，有的茶叶商品使用的是“千克”作为单位，而另一些则使用“克”作为单位，如果不作处理直接进行

	品牌	商品名称	商品编号	商品毛重	商品产地	建议茶具	采摘要求	采摘地	发酵程度	类别	包装形式	净含量	生产许可证号
0	京东京造	京东京造	100035750664	0.56kg	中国大陆	飘逸杯，玻璃杯	一芽一叶，一芽两叶	河南	不发酵	信阳毛尖	罐装	250g	SC11441150200020
1	传奇会	传奇会传	100013320678	1.415kg	福建省安溪县	盖碗	一芽两叶	福建	半发酵	清香型	盒装	500g	SC11435052404153
2	小茶日记	小茶日记	100017536491	0.76kg	中国大陆	飘逸杯，盖碗	一芽一叶，一芽两叶	福建	全发酵	无烟种	罐装	500g	SC11435078210590
3	青源堂	青源堂莓	100028042475	140.00g	中国大陆					独立茶饮	罐装		{guige[主体.生产许
4	印象堂	印象堂绿	100015344306	0.58kg	福建省	盖碗，玻璃杯	一芽两叶，一芽一叶	福建	不发酵		袋装	500g	SC11435052403265
5	传奇会	传奇会传	100008150585	1.36kg	福建省武夷山	盖碗	一芽三叶，一芽四叶	福建	半发酵		盒装	500g	SC11435078208059
6	传奇会	传奇会铁	1279118	1.163kg	福建省安溪县	盖碗	一芽两叶	福建	半发酵	清香型	盒装	500g	SC11435052404153
7	狮峰	狮峰钱塘	100001451234	400.00g	中国大陆	玻璃杯	一芽两叶，一芽三叶	浙江	不发酵		纸包装	200g	SC11433010613370
8	乐品乐茶	乐品乐茶	4310032	455.00g	安徽省芜湖市	玻璃杯	一芽两叶，一芽一叶	四川	不发酵	宜宾毛尖	礼盒装	250g	SC11434020305232
9	华源	华源JDHC	100013666007	1.04kg	福建省南平市	飘逸杯，盖碗	一芽两叶	福建	全发酵	正山金骏眉	罐装	500g	SC11435078207283
10	乐品乐茶	乐品乐茶	4309994	250.00g	安徽省芜湖市	玻璃杯	一芽两叶	安徽	不发酵		罐装	250g	SC11434020305232
11	八马	八马金骏	8031362	178.00g	中国大陆福建	瓷碗，飘逸杯	一芽一叶，一芽两叶	福建	全发酵	外山金骏眉	罐装	80g	SC11435078205116
12	老谷头	老谷头人	10063699263034	495.00g						独立茶饮	罐装		{guige[主体.生产许
13	福茗源	福茗源四	100016448601	1.175kg	中国大陆	飘逸杯，玻璃杯	一芽两叶，一芽一叶	福建	不发酵		罐装	500g	SC11433010613667
14	八窨飘雪	八窨飘雪	100021609534	195.00g	四川省雅安市	飘逸杯，玻璃杯	一芽两叶，一芽三叶	四川	不发酵	蒙顶毛尖	罐装	125g	SC11451180300885
15	八百秀才	八百秀才	100007552433	1.2kg	广东清远英德	盖碗，飘逸杯	一芽两叶，一芽二叶	广东清远	全发酵	英红九号	罐装	500g	SC11444188100214
16	乐品乐茶	乐品乐茶	4310008	450.00g	安徽省芜湖市	玻璃杯	一芽一叶	四川	不发酵	宜宾毛尖	罐装	250g	SC11434020305232
17	狮峰	狮峰钱塘	6390648	280.00g	中国大陆	玻璃杯	一芽两叶，一芽一叶	浙江	不发酵		纸包装	200g	SC11433010613370
18	旭雅	旭雅-散装	10062780254415	0.63kg	中国大陆	玻璃杯	一芽两叶，一芽三叶	四川	不发酵	蒙顶毛峰	袋装	500g	SC11451180300885
19	八窨飘雪	八窨飘雪	100013573343	195.00g	四川省雅安市	飘逸杯，玻璃杯	一芽一叶，一芽两叶	四川	不发酵	蒙顶毛尖	罐装	125g	SC11451180300885
20	八马	八马龙井	100011534826	140.00g	中国大陆浙江	盖碗，玻璃杯	一芽三叶，一芽两叶	浙江	不发酵		罐装	50g	SC11433010613458
21	八马	八马正山	8031356	175.00g	中国大陆福建	飘逸杯，盖碗	一芽两叶，一芽三叶	福建	全发酵	无烟种	罐装	80g	SC11435078205116

图 4-3　单位不一致的属性

数据分析建模的话，得出来的结果将会非常不准确。对于后者，假如有两张一样的表储存在不同位置(可视为备份)，当一张表发生变动更新，而另一张表没有更新，这时两张表就出现了不一致的数据，即同一记录同一属性却对应不同属性值的情况，这可能会导致使用的数据滞后，或者数据对应时不知选择哪张表的后果。对该类型的脏数据需要根据实际情况的不同使用不同的处理方法。

【探讨实践】

讨论更多有关“脏数据”的例子，并列举更多它们的危害。

【拓展训练】

尝试对小张爬取得到的茶叶品类数据进行不同类型“脏数据”的识别。

任务三　数据预处理与降维

【问题引入】

明白了“脏数据”的危害之后，面对爬取到的混乱的茶叶品类数据，小张开始学习数据预处理的方法，希望能将该数据处理成能够进行高效建模分析的数据。在本节小张将学习到针对不同“脏数据”的数据预处理方法以及数据降维的基本方法。

【认知实践】

一、常见的数据预处理方法

对于常见的“脏数据”类型缺失值、重复值、异常值、不一致的值等，根据各自的特点，有不同的数据预处理方法。当然，除了针对“脏数据”的处理方法，还有其他的方法，不用针对“脏数据”，也可以将数据转化成更适合数据分析的样式。

(一) 删除数据

面对缺失值太多的记录，可以删除掉该记录，如图 4-4 所示，两条记录的净含量都为

0，且建议茶具、采摘要求、采摘地、发酵程度等属性也各有缺失值。如果这些商品并不是主要研究商品，那么可以考虑将这两条记录删除。若发现两条记录的所有属性值都一样，说明是重复的记录，至少需要删除一条。

	品牌	商品名称	建议茶具	采摘要求	采摘地	发酵程度	类别	包装形式	净含量	生产许可证号	储存方法	保质期	产品标准号	价格
0	京东京造	京东京造	飘逸杯，玻璃杯	一芽一叶，一芽两叶	河南	不发酵	信阳毛尖	罐装	250g	SC11441150200020	密封；干	540天	GB/T 22737	84.90
1	传奇会	传奇会传	盖碗	一芽两叶	福建	半发酵	清香型	盒装	500g	SC11435052404153	防潮；防	18个月	GB/T30357.2	190.00
2	小茶日记	小茶日记	飘逸杯，盖碗	一芽一叶，一芽两叶	福建	全发酵	无烟种	罐装	500g	SC11435078210590	避光；密	540天	DB35/T1228	68.00
3	青源堂	青源堂莓					独立茶饮	罐装		{guige[主体.生产许			{guige[主体	75.90
89	老谷头	老谷头13						罐装		{guige[主体.生产许			{guige[主体	488.00
90	羽信	羽信雀舌			四川	不发酵	蒙山雀舌	礼盒装	120g	SC11451180300885	避光；密	540天	GH/T 1308-2	148.00
91	羽信	羽信毛峰	飘逸杯，盖碗，	一芽一叶，多叶	四川	不发酵	蒙顶毛峰	礼盒装	200g	SC11451180300885	避光；密	18个月	GH/T1308-20	128.00
92	京东京造	京东京造	盖碗	一芽一叶，一芽两叶	福建	全发酵	外山金骏眉	罐装	500g	SC11453092146884	避光；防	36个月	GB/T13738.2	76.90
93	吴裕泰	吴裕泰吴	瓷碗，玻璃杯	一芽一叶，单芽	云南	全发酵	滇红工夫茶	礼盒装	250g	SC11411140417708	避光；防	24个月	Q/DCWYT 000	168.00
94	忆江南	忆江南方	紫砂壶	一芽一叶	浙江	不发酵		礼盒装	200g	SC11433011010842	避光；密	12个月	GB/T18650	328.00
95	正山堂	正山堂【	盖碗	一芽三叶，一芽两叶	福建	全发酵	无烟种	罐装	50g	SC11435078200021	避光；密	36个月	详见包装	279.00
96	福茗源	福茗源蓝	盖碗，瓷碗	一芽两叶，一芽三叶	福建	半发酵	清香型	盒装	504g	SC11435052404129	密封；防	18个月	GB/T 19598	99.00
97	音朗（YIN	音朗木桶	飘逸杯，玻璃杯	一芽两叶，一芽三叶	浙江	不发酵		礼盒装	250g	SC11433010613667	密封；防	12个月	GB/T 18650	88.00
98	医后（YIH	医后人参	飘逸杯		北京		八宝茶	盒装	150g	{guige[主体.生产许	常温保存	18个月	{guige[主体.	59.90
99	安纯	安纯as666				全发酵		罐装	500g	SC11453282244042	密封；防	18个月	Q/MKM 0001	368.00
100	八马	八马浓香	盖碗，紫砂壶	一芽两叶，一芽三叶	福建	半发酵	浓香型	礼盒装	150g	SC11435052401198	避光；密	24个月	GB/T 19598	360.00
101	卢正浩	卢正浩茗	飘逸杯，玻璃杯	一芽两叶	浙江	不发酵		礼盒装	120g	SC11433019808541	常温保存	365天	GB/T 18650	399.00
102	忆江南	忆江南慕	盖碗	一芽两叶	福建	全发酵	外山金骏眉	礼盒装	300g	SC11435078204822	避光；密	18个月	GB/T 13738.	239.00
103	福茗源	福茗源 茶	飘逸杯，盖碗，		河南	不发酵	都匀毛尖	罐装	125g	SC11435052404129	密封；防	12个月	GB/T 14456.	28.00
104	忆江南	忆江南慕	紫砂壶	一芽四叶，一芽三叶	福建	半发酵		礼盒装	210g	SC11435078204822	避光；密	18个月	GB/T18745	239.00
105	第一江南	第一江南	玻璃杯	一芽两叶，一芽一叶	浙江	不发酵		礼盒装	250g	SC11433010613474	避光；密	540天	GB/T18650	698.00
106	陈一凡	陈一凡 雀	玻璃杯	一芽两叶，一芽三叶	贵州	不发酵	贵州雀舌	罐装	250g	SC11435052404129	避光；密	12个月	GB/T 14456	115.00

图 4-4 缺失值过多的记录

除缺失值过多的因素之外，若有数据的更新也需要将旧记录删除。此外，删除记录可以应用在一行即一个记录上，也可以对一列即一个属性应用删除的方式简化数据。例如，如图 4-5 所示，由于商品编号是为了一个编号对应一件商品，但其实第一列的行标签列已经在此数据中完成了该功能（在确保没有重复记录的情况下），因此可以将商品编号这一列删除。除此之外，若发现某列缺失值较多，如果认为不重要的话可将该列进行删除。

	品牌	商品名称	商品编号	采摘地	发酵程度	类别	包装形式	净含量	生产许可证号	储存方法	保质期	产品标准号	价格	好评率
0	京东京造	京东京造	100035750664	河南	不发酵	信阳毛尖	罐装	250g	SC11441150200020	密封；干燥	540天	GB/T 22737	84.90	92%
1	传奇会	传奇会传	100013320678	福建	半发酵	清香型	盒装	500g	SC11435052404153	防潮；防异	18个月	GB/T30357.2	190.00	92%
2	小茶日记	小茶日记	100017536491	福建	全发酵	无烟种	罐装	500g	SC11435078210590	避光；密封	540天	DB35/T1228	68.00	92%
3	青源堂	青源堂莓	100028042475			独立茶饮	罐装		{guige[主体.生产许			{guige[主体	75.90	92%
4	印象堂	印象堂绿	100015344306	福建	不发酵		袋装	500g	SC11435052403265	避光；密封	540天	GB/T14456.3	48.00	92%
5	传奇会	传奇会传	100008150585	福建	半发酵		盒装	500g	SC11435078208059	防异味；干	36个月	GB/T18745	268.00	92%
6	传奇会	传奇会铁	1279118	福建	半发酵	清香型	盒装	500g	SC11435052404153	防异味；防	18个月	GB/T30357.2	77.00	92%
7	狮峰	狮峰钱塘	100001451234	浙江	不发酵		纸包装	200g	SC11433010613370	避光；密封	360天	GB/T 18650	96.00	92%
8	乐品乐茶	乐品乐茶	4310032	四川	不发酵	宜宾毛尖	礼盒装	250g	SC11434020305232	避光；密封	540天	Q/AZL 0001S	99.00	92%
9	华源	华源JDHC	100013666007	福建	全发酵	正山金骏眉	罐装	500g	SC11435078207283	密封；防潮	1095天	DB35/T 1228	108.00	92%
10	乐品乐茶	乐品乐茶	4309994	安徽	不发酵		罐装	250g	SC11434020305232	避光；密封	540天	Q/AZL 0001S	89.00	92%
11	八马	八马金骏	8031362	福建	全发酵	外山金骏眉	罐装	80g	SC11435078205116	避光；密封	36个月	DB35/T 1228	49.00	92%
12	老谷头	老谷头人	10063699263034			独立茶饮	罐装		{guige[主体.生产许			{guige[主体	188.00	92%
13	福茗源	福茗源四	100016448601	福建	不发酵		罐装	500g	SC11433010613667	避光；密封	12个月	GB/T 18650	99.00	92%
14	八窖飘雪	八窖飘雪	100021609534	四川	不发酵	蒙顶毛尖	罐装	125g	SC11451180300885	避光；密封	18个月	GB/T 14456.	24.90	92%
15	八百秀才	八百秀才	100007552433	广东清远	全发酵	英红九号	罐装	500g	SC11444188100214	密封；防潮	36个月	DB44/T300	99.00	92%
16	乐品乐茶	乐品乐茶	4310008	四川	不发酵	宜宾毛尖	罐装	250g	SC11434020305232	避光；密封	540天	Q/AZL 0001S	188.00	92%
17	狮峰	狮峰钱塘	6390648	浙江	不发酵		纸包装	200g	SC11433010613370	避光；密封	365天	GB/T 18650	292.12	92%
18	旭雅	旭雅-散装	10062780254415	四川	不发酵	蒙顶毛峰	袋装	500g	SC11451180300885	避光；防潮	540天	GB/T 14456.	99.00	92%
19	八窖飘雪	八窖飘雪	100013573343	四川	不发酵	蒙顶毛尖	罐装	125g	SC11451180300885	避光；密封	18个月	GB/T 14456.	56.70	92%
20	八马	八马龙井	100011534826	浙江	不发酵		罐装	50g	SC11433010613458	避光；密封	18个月	GB/T18650	49.00	92%
21	八马	八马正山	[illegible]	福建	全发酵	无烟种	罐装	80g	[illegible]	避光；密封	36个月	[illegible]	49.00	92%

图 4-5 考虑删除的属性

在 Python 中，可以使用 pandas 库的 dropna 方法来删除空白的行，使用 drop_duplicates 方法来删除重复的行。示例使用的代码及输出结果如[例 4-1]所示。

[例 4-1]

代码

```
import pandas as pd #导入 pandas 库并记为 pd
data = {'a':[1, 2, 1], 'b':[1, None, 1]} #创建字典给定数据，其中 None 表示空值
```

```
df = pd.DataFrame(data) # 使用上面给定的数据创建 DataFrame 变量
print(df) # 输出 df
df = df.dropna() # 使用 dropna 方法去除带有空白值的行
print(df) # 再次输出 df
df = df.drop_duplicates() # 使用 drop_duplicates 方法去除重复值
print(df) # 再次输出 df
```

输出结果

```
   a    b
0  1  1.0
1  2  NaN
2  1  1.0
   a    b
0  1  1.0
2  1  1.0
   a    b
0  1  1.0
```

由本例可以看到，第一次输出的 DataFrame 中第二行中有缺失值，第三行与第一行是重复的值，使用 dropna 方法后第二行被删掉了，使用了 drop_duplicates 方法后原来的第三行被删掉了。

（二）数据插补

数据插补主要针对的是缺失值的情况。如果缺失值对应的属性与记录都较为重要的话，可以考虑插补该缺失值。进行数据插补前先要回到爬取的原网站查看是否存在爬取失误，没有将该值爬取下来，如果原网站确实有该值，将其复制到数据图表中即可。如果确实没有该值，有多种方法可以进行插补：

（1）均值插补法。对于数值型数据，某一记录的某属性缺失值使用全部其他记录在该属性的平均值来插补；对于离散型数据，即非数值型数据，一个属性对应多个值，缺失值选取该属性的众数进行插补。该方法是建立在完全随机缺失的假设之上的，会造成变量的方差和标准差变小。例如，某商铺某周茶叶的销量分别为 10、20、30、15、丢失、24、18。可以看到第五天销量数据丢失，若使用均值插补法插补该缺失值，则可以用其余六天的销量值求平均值代替，此处求得其余六天均值为 19.5，则可以用 19.5 来代替第五天丢失的销量值。

（2）热卡填充法。该方法的思想是在其他记录中寻找一个在其他属性上与含缺失值记录最相似的记录，且缺失记录缺失的属性在相似记录里是不缺失的，这样就可以得到相似记录在缺失属性上的值，用以填补带缺失值的记录。与均值插补法相比，利用热卡填充法插补数据后，其变量的标准差与插补前比较接近。但是这种方法使用不便，比较耗时。

（3）回归替换法。将缺失值的填补看成回归问题，使用数据完整的记录建立线性回归方程，再利用线性回归方程计算出缺失值。与前述两种插补方法比较，该方法利用了数据中尽量多的信息。虽然这是对缺失值的一个无偏估计，但是忽略了随机误差的影响，且必须假设其他属性与缺失属性之间具有线性关系。

（三）数据分类

数据分类，指的是将数据按一定的划分标准划分为不同类别的数据。在本项目模块一中介绍了数据的类型，有定类、定序、定距、定比四个尺度，数据可以按照这四个尺度划分为四类。除此之外，还可以按照性质不同分为定位数据、定性数据、定量数据、定时数据，或按“脏数据”的不同类型分类，等等。将数据进行分类之后，可以得到不同类型数据的组合，以便更容易地理解和操作数据，以及识别数据中的潜在模式和关系，并使得进一步的预处理如归一化、特征提取等操作更加方便。在 Python 中，将数据转化为 DataFrame 变量之后，可以使用 dtypes 查看不同属性的数据类型。使用的代码及输出结果如[例 4-2]所示。

[例 4-2]

代码

```
import pandas as pd #导入 pandas 库并记为 pd
df = pd.read_excel('C:/下载/茶叶品类数据.xlsx') #读取文件
print(df.dtypes) #输出每个属性的数据类型
```

输出结果

动画视频：数据分类

```
Unnamed: 0          int64
品牌                object
商品名称            object
商品毛重            object
建议茶具            object
采摘要求            object
采摘地              object
发酵程度            object
类别                object
包装形式            object
净含量              object
生产许可证号        object
储存方法            object
保质期              object
产品标准号          object
价格               float64
好评率              object
全部评价            object
好评                object
中评                object
差评                object
网址                object
dtype: object
```

从实例中可以看到，除 0 列（即序号列）以及价格列是数值型数据之外，都是文本型，这是由于爬取后的数据并没有经过处理，有的数据保留着单位，而有的数据以如“50 万+”这样的形式存在。它们实际上是数值型数据，但由于没有经过格式的转化，会被判定为文本型数据，故在进行数据分类之前，最好先进行格式转化，再进行数据类别的判定。

（四）数据类型转换

文本型属性可以变换成数值型属性来处理。例如，如图 4-6 所示，茶叶发酵程度有不发酵、轻发酵、半发酵、全发酵和后发酵等 5 种类别（图不全），可以使用数字 1、2、3、4 和 5 来替代，这样在使用数据进行建模时更加方便。除直接使用序数进行编码转换之外，还可以使用哑变量和独热编码进行转换，这两者原理类似。此处选择独热编码进行讲解，如图 4-7 所示，将茶叶发酵程度这一个定类属性转化成一个只有 0，1 两个值的五

	品牌	商品名称	发酵程度	发酵程度（数值化）
0	京东京造	京东京造信阳毛尖125g*2罐装	不发酵	1
1	传奇会	传奇会传奇会品质兰花香铁观音	半发酵	3
2	小茶日记	小茶日记X-浓香型正山小种B10	全发酵	4
4	印象堂	印象堂绿茶	不发酵	1
5	传奇会	传奇会传奇会大红袍	半发酵	3
6	传奇会	传奇会铁观音	半发酵	3
7	狮峰	狮峰钱塘龙井	不发酵	1
8	乐品乐茶	乐品乐茶毛尖	不发酵	1
9	华源	华源JDHCZH01	全发酵	4
10	乐品乐茶	乐品乐茶碧螺春	不发酵	1
11	八马	八马金骏眉	全发酵	4
13	福茗源	福茗源四大绿茶	不发酵	1
14	八窨飘雪	八窨飘雪雨前毛尖	不发酵	1
15	八百秀才	八百秀才英德红茶龙纹罐组合装500g	全发酵	4
16	乐品乐茶	乐品乐茶毛尖	不发酵	1
17	狮峰	狮峰钱塘龙井	不发酵	1
18	旭雅	旭雅-散装绿茶-毛峰	不发酵	1
19	八窨飘雪	八窨飘雪明前毛尖	不发酵	1
20	八马	八马龙井	不发酵	1
21	八马	八马正山小种	全发酵	4
22	五云村	五云村五云村实惠茶	不发酵	1
23	水果茶香	水果茶香宜年24罐	全发酵	4

图 4-6 文本型属性数值化

	品牌	商品名称	发酵程度	不发酵	轻发酵	半发酵	全发酵	后发酵
0	京东京造	京东京造信阳毛尖125g*2罐装	不发酵	1	0	0	0	0
1	传奇会	传奇会传奇会品质兰花香铁观音	半发酵	0	0	1	0	0
2	小茶日记	小茶日记X-浓香型正山小种B10	全发酵	0	0	0	1	0
4	印象堂	印象堂绿茶	不发酵	1	0	0	0	0
5	传奇会	传奇会传奇会大红袍	半发酵	0	0	1	0	0
6	传奇会	传奇会铁观音	半发酵	0	0	1	0	0
7	狮峰	狮峰钱塘龙井	不发酵	1	0	0	0	0
8	乐品乐茶	乐品乐茶毛尖	不发酵	1	0	0	0	0
9	华源	华源JDHCZH01	全发酵	0	0	0	1	0
10	乐品乐茶	乐品乐茶碧螺春	不发酵	1	0	0	0	0
11	八马	八马金骏眉	全发酵	0	0	0	1	0
13	福茗源	福茗源四大绿茶	不发酵	1	0	0	0	0
14	八窨飘雪	八窨飘雪雨前毛尖	不发酵	1	0	0	0	0
15	八百秀才	八百秀才英德红茶龙纹罐组合装500g	全发酵	0	0	0	1	0
16	乐品乐茶	乐品乐茶毛尖	不发酵	1	0	0	0	0
17	狮峰	狮峰钱塘龙井	不发酵	1	0	0	0	0
18	旭雅	旭雅-散装绿茶-毛峰	不发酵	1	0	0	0	0
19	八窨飘雪	八窨飘雪明前毛尖	不发酵	1	0	0	0	0
20	八马	八马龙井	不发酵	1	0	0	0	0
21	八马	八马正山小种	全发酵	0	0	0	1	0
22	五云村	五云村五云村实惠茶	不发酵	1	0	0	0	0
23	水果茶香	水果茶香宜年24罐	全发酵	0	0	0	1	0

图 4-7 独热编码

维向量，即增加了5个属性，每个属性对应一个类别。某记录属于某个分类，则该分类所对应的维的值为1，其他维的值全部为0。哑变量与独热编码的原理类似，但哑变量增加的属性比独热编码少一个，其中一个分类使用所有维的值都为0的向量来表示。

在Pandas库中，可以使用函数：

pd.get_dummies(data, columns, prefix_sep)

将分类数据使用独热编码的方式转化为数值型数据。其中data代表要转化的数据，可以是DataFrame变量也可以是Series变量。columns代表要转化的列。prefix_sep表示新增加的列名称使用什么分隔，具体使用代码及输出结果如[例4-3]所示。

[例4-3]

代码

```
import pandas as pd #导入 pandas 库并记为 pd
data = {'发酵程度':['不发酵', '轻发酵', '半发酵', '全发酵', '后发酵']} #创建字典给定数据
df = pd.DataFrame(data) #创建 DataFrame 变量
print(df) #输出 df
df = pd.get_dummies(df, columns=['发酵程度'], prefix_sep='_') #使用 get_dummies 进行独热编码操作
print(df) #再次输出 df
```

输出结果

```
  发酵程度
0  不发酵
1  轻发酵
2  半发酵
3  全发酵
4  后发酵
   发酵程度_不发酵  发酵程度_全发酵  发酵程度_半发酵  发酵程度_后发酵  发酵程度_轻发酵
0        1        0        0        0        0
1        0        0        0        0        1
2        0        0        1        0        0
3        0        1        0        0        0
4        0        0        0        1        0
```

在本例中首先构建了一个分类变量的DataFrame变量，其中有一个发酵程度的分类变量，然后使用get_dummies函数将其使用独热编码的方式转化为数值型数据。可以看到处理后，原来的一个属性增加到了5个，即有几个等级将会增加到几个属性。

(五) 归一化与标准化

为了确保数据一致性，需要保证同一属性下属性值的单位统一，例如，茶叶数据中

的商品毛重统一使用“千克”作为单位。除此之外，对于数据中不同的数值型属性，如果有的量级非常大，有的相对非常小，如评价数量基本在 1 000 以上甚至有 100 万的规模，而我们选择了“千克”作为单位后，最大的商品毛重数值也不超过 10，这两者的数量级差距过大，会给数据分析建模带来困难，甚至可能使得数量级大的影响力远大于数量级小的，导致得到的结果不理想。此时可以使用归一化与标准化的方法进行放缩。

归一化使用的公式如下：

$$x' = \frac{x - mean(x)}{\max(x) - \min(x)}$$

即用原来的数据减去均值后再除以最大值与最小值的差值，得到的新数据的大小将会在 −1 到 1 的区间内。将所有的数值型数据都进行归一化，那么它们的量纲就能保持一致。如表 4-1 所示，有销量与净含量两列数据，它们单位不同无法比较，且量级差距较大，可以使用归一化的方法转化为如表 4-2 所示取值范围一致的数据。如第一个销量 20 000 000，先求出销量一列的均值为 20 400 000，最大值为 25 000 000，最小值为 17 000 000，则归一化后的数值为(20 000 000 − 20 400 000)/(25 000 000 − 17 000 000) = −0.05，其他亦类似。

表 4-1　未处理的数据

属　性	数		量		
销量/件	20 000 000	19 000 000	17 000 000	21 000 000	25 000 000
净含量/g	200	500	300	100	500

表 4-2　归一化后的数据

属　性	数		量		
销　量	−0.05	−0.175	−0.425	0.075	0.575
净含量	−0.3	0.45	−0.05	−0.55	0.45

归一化的优点是能够使得模型的训练速度加快以及量纲一致，但也存在缺点，即会改变原始数据的数据分布，使得原始信息有所损失。如果希望保留原始数据的数据分布，减少原始信息损失，可以使用标准化的方法。

标准化使用的公式如下：

$$x' = \frac{x - mean(x)}{s(x)}$$

其中，$s(x)$代表数据的标准差(在后文详细介绍)，进行标准化后同样能保证数据量纲一致，并且不改变数据的原始分布，所以在实际中标准化的方法更加常用，但注意此时数据范围可能超过 −1 或 1。表 4-1 经过标准化后的数据如表 4-3 所示，单位都是一个标准差。如第一个销量 20 000 000，均值为 20 400 000，求得标准差为 2 966 479.395，则标准化后的数值为(20 000 000 − 20 400 000)/2 966 479.395 = −0.134 84，其他值亦类似。

表 4-3 标准化后的数据

属性	数	量			
销量	−0.134 84	−0.471 94	−1.146 14	0.202 26	1.550 66
净含量	−0.670 82	1.006 23	−0.111 80	−1.229 84	1.006 23

除以上所介绍的一些常用的数据预处理方法之外，还有数据升维、数据降维、欠采样和过采样等方法，下面将主要对数据降维方法进行介绍。

二、数据降维方法

数据降维是一种通过减少数据中的属性数量，但保留大部分有用信息的方法。与特征选择类似，它也是降低数据维度的一种方法。然而，特征选择是通过删除被认为无用的属性来减少属性数量的，而数据降维是通过映射技术实现的。这种映射将原本存在于高维空间中具有多个属性的数据点映射到低维空间中，使其只保留少数重要属性。需要注意的是，特征选择前后属性的含义保持不变，而数据降维后的新属性通常难以直接用实际含义解释。

数据降维的优势在于两个方面：首先，它能够应对"维数灾难"，即高维数据在分析中带来的挑战。其次，通过降维可以更好地理解和解释数据，方便后续建模分析。

微课视频：数据预处理策略——数据降维方法

下面通过一个简例来介绍降维方法。假设有一名茶叶生产商，每个月都统计其生产的不同种类茶的数量，其生产的茶的种类有红茶、绿茶、乌龙茶和桑叶茶四种，通过统计结果可以发现在某些月份这四类茶的产量都比其他月份产量高，但它们的产量又不完全相同，甚至差别较大。那么，这种似乎相关但又不很一致的关系可以通过降维的方式提取它们的内在联系因子。通过降维的方法，生产商发现四类茶的产量都可以表示为一个公共因子（此处可以认为是季节因素）与一个特殊因子之和，例如，三月份桑叶茶的产量为 200 千克，公共因子的影响为 200 千克，且公共因子对桑叶茶影响的比例为 70%，则公共因子影响的桑叶茶的产量为 140 千克，然后再加上桑叶茶自身特性对应的特殊因子对桑叶茶影响的 60 千克，就得到了桑叶茶的产量为 200 千克，其他种类的茶也同理。这样我们从研究每种茶种类的四个变量，就转化成了研究公共因子与特殊因子两个变量，实现了降维的目的。

目前较为常用的数据降维方法有：PCA（主成分分析）、LDA（线性判别分析）和 MDS（多维标度分析）等。PCA 是一种基于从高维空间映射到低维空间的映射方法，也是最基础的无监督（即有自变量无因变量）降维算法，其目标是向数据变化最大的方向投影，或者说向重构误差最小化的方向投影。它由 Karl Pearson 在 1901 年提出，属于线性降维方法。本节以 PCA 作为主要算法进行讲解。

以下通过一个案例讲解 PCA 算法的实现流程。首先选取茶叶品类数据（将本书配套数字资源包中的"茶叶品类数据.xlsx"保存到 C 盘的下载文件夹中）中的商品毛重、净含量、价格、好评率、全部评价、好评、中评和差评 8 个数值型属性列，如图 4-8 所示，再将其进行预处理，使用代码与输出结果如［例 4-4］和图 4-9 所示。

	商品名称	商品毛重	净含量	价格	好评率	全部评价	好评	中评	差评
0	京东京造信阳毛尖125g*2罐装	0.56kg	250g	84.90	92%	5万+	1.5万+	400+	200+
1	传奇会传奇会品质兰花香铁观音	1.415kg	500g	190.00	92%	50万+	29万+	4300+	3300+
2	小茶日记X-浓香型正山小种B10	0.76kg	500g	68.00	92%	5万+	1.3万+	200+	200+
3	青源堂莓茶 50g	140.00g		75.90	92%	500万+	149万+	1.8万+	1.2万+
4	印象堂绿茶	0.58kg	500g	48.00	92%	5万+	2.3万+	400+	300+
5	传奇会传奇会大红袍	1.36kg	500g	268.00	92%	5万+	3.5万+	200+	200+
6	传奇会铁观音	1.163kg	500g	77.00	92%	50万+	29万+	4300+	3300+
7	狮峰钱塘龙井	400.00g	200g	96.00	92%	2万+	5300+	100+	80+
8	乐品乐茶毛尖	455.00g	250g	99.00	92%	100万+	68万+	8800+	6500+
9	华源JDHCZH01	1.04kg	500g	108.00	92%	10万+	2.5万+	400+	300+
10	乐品乐茶碧螺春	250.00g	250g	89.00	92%	50万+	25万+	2400+	1500+
11	八马金骏眉	178.00g	80g	49.00	92%	20万+	6.4万+	1000+	700+
12	老谷头人参枸杞茶桑椹覆盆子葛根养生茶男人男性男士茶五宝茶	495.00g		188.00	92%	2000+	400+	1	2
13	福茗源四大绿茶	1.175kg	500g	99.00	92%	10万+	3万+	400+	400+
14	八窨飘雪雨前毛尖	195.00g	125g	24.90	92%	5万+	2.1万+	200+	100+
15	八百秀才英德红茶龙纹罐组合装500g	1.2kg	500g	99.00	92%	5万+	1.1万+	300+	200+
16	乐品乐茶毛尖	450.00g	250g	188.00	92%	100万+	68万+	8800+	6500+
17	狮峰钱塘龙井	280.00g	200g	292.12	92%	2万+	7100+	100+	100+
18	旭雅-散装绿茶-毛峰	0.63kg	500g	99.00	92%	2000+	1100+	1	2
19	八窨飘雪明前毛尖	195.00g	125g	56.70	92%	5万+	2.1万+	200+	100+
20	八马龙井	140.00g	50g	49.00	92%	5万+	8800+	100+	80+
21	八马正山小种	175.00g	80g	49.00	92%	20万+	9.3万+	1200+	700+

图 4-8　挑选出来列的原数据

[例 4-4]

代码

```
import pandas as pd #导入 pandas 库并记为 pd
usecols = ['商品名称', '净含量', '价格', '好评率', '商品毛重', '好评', '中评', '差评', '全部评价'] #选取要用到的列标签
df = pd.read_excel('C:/下载/茶叶品类数据.xlsx', usecols=usecols)  #读取爬取到的数据
df = df.dropna() #删除含有缺失值的记录
df = df.drop_duplicates() #删除重复记录
df['净含量'] = df['净含量'].apply(lambda x : float(x[:-1])/1000) #对净含量首先将单位符号 g 去除,然后转化为浮点型数据,然后再除以 1000 转化为以 kg 为单位的数值,apply 代表对这列的每一个数据都代入后面的函数得到结果
df['价格'] = df['价格'].apply(lambda x : float(x)) #将价格数据转化为浮点型
df['好评率'] = df['好评率'].apply(lambda x : float(x[:-1])/100) #将好评率的%去掉再转化为浮点型,然后除以 100,如 92%转化得到 0.92
def toG(x): #定义函数转换商品毛重数据
    if x[-2:] == 'kg':
        return float(x[:-2]) #如果以 kg 结尾,将 kg 删去再转化为浮点型
    else:
        return float(x[:-1])/1000 #不以 kg 结尾则是以 g 结尾,将 g 去掉再转化为浮点型数据再除以 1000 得到以 kg 为单位的数值
def delW(x): #定义函数将评价数据转化为统一格式
    if x[-2:] == '万+':
        return float(x[:-2]) * 10000 #以万+结尾的删去万+再转化为浮点型再乘 10000
    else:
        if x[-1] == '+':
            return float(x[:-1]) #以+结尾的删去+再转化为浮点型
```

```
    else:
        return float(x) # 其他只有数值的直接转化为浮点型即可
df['商品毛重'] = df['商品毛重'].apply(toG) # 使用定义的 toG 函数转化商品毛重数据的格式
df['好评'] = df['好评'].apply(delW) # 使用定义的 delW 函数转化好评数据
df['中评'] = df['中评'].apply(delW) # 使用定义的 delW 函数转化中评数据
df['差评'] = df['差评'].apply(delW) # 使用定义的 delW 函数转化差评数据
df['全部评价'] = df['全部评价'].apply(delW) # 使用定义的 delW 函数转化全部评价数据
df.iloc[:,2:] = df.iloc[:,2:].apply(lambda x:(x-x.mean())/x.std()) # 使用上文提及的标准化公式对数据进行标准化,std 代表标准差,iloc 后的切片表示从商品毛重这列开始,前面的行标签列和商品名称列去掉无须标准化
df.to_excel('C:/下载/预处理后的茶叶品类数据.xlsx')  # 处理后保存到本地
```

输出结果(图 4-9)

	商品名称	商品毛重	净含量	价格	好评率	全部评价	好评	中评	差评
0	京东京造信阳毛尖125g*2罐装	0.56	-0.19913	-0.38431	-0.9985	-0.17484	-0.23439	-0.08253	-0.17434
1	传奇会传奇会品质兰花香铁观音	1.415	1.167017	0.246121	-0.9985	2.228427	2.473821	2.813885	2.930074
2	小茶日记X-浓香型正山小种B10	0.76	1.167017	-0.48568	-0.9985	-0.17484	-0.25408	-0.23106	-0.17434
4	印象堂绿茶	0.58	1.167017	-0.60565	-0.9985	-0.17484	-0.1556	-0.08253	-0.0742
5	传奇会传奇会大红袍	1.36	1.167017	0.713993	-0.9985	-0.17484	-0.03743	-0.23106	-0.17434
6	传奇会铁观音	1.163	1.167017	-0.43169	-0.9985	2.228427	2.473821	2.813885	2.930074
7	狮峰钱塘龙井	0.4	-0.47236	-0.31772	-0.9985	-0.33506	-0.32991	-0.30533	-0.29451
8	乐品乐茶毛尖	0.455	-0.19913	-0.29973	-0.9985	4.898725	6.314551	6.155899	6.134633
9	华源JDHCZH01	1.04	1.167017	-0.24574	-0.9985	0.092188	-0.13591	-0.08253	-0.0742
10	乐品乐茶碧螺春	0.25	-0.19913	-0.35971	-0.9985	2.228427	2.0799	1.402812	1.127509
11	八马金骏眉	0.178	-1.12811	-0.59965	-0.9985	0.626248	0.248167	0.363074	0.326369
13	福茗源四大绿茶	1.175	1.167017	-0.29973	-0.9985	0.092188	-0.08667	-0.08253	0.025941
14	八窨飘雪雨前毛尖	0.195	-0.8822	-0.74421	-0.9985	-0.17484	-0.1753	-0.23106	-0.27449
15	八百秀才英德红茶龙纹罐组合装500g	1.2	1.167017	-0.29973	-0.9985	-0.17484	-0.27378	-0.15679	-0.17434
16	乐品乐茶毛尖	0.45	-0.19913	0.234124	-0.9985	4.898725	6.314551	6.155899	6.134633
17	狮峰钱塘龙井	0.28	-0.47236	0.858673	-0.9985	-0.33506	-0.31219	-0.30533	-0.27449
18	旭雅-散装绿茶-毛峰	0.63	1.167017	-0.29973	-0.9985	-0.43119	-0.37127	-0.37885	-0.37263
19	八窨飘雪明前毛尖	0.195	-0.8822	-0.55346	-0.9985	-0.17484	-0.1753	-0.23106	-0.27449
20	八马龙井	0.14	-1.29205	-0.59965	-0.9985	-0.17484	-0.29544	-0.30533	-0.29451
21	八马正山小种	0.175	-1.12811	-0.59965	-0.9985	0.626248	0.53376	0.511608	0.326369
22	五云村五云村实惠茶	0.94	1.167017	0.114157	-0.9985	-0.41517	-0.36241	-0.35732	-0.34459
23	[illegible]	2	0.074099	0.114157	-0.9985	-0.38847	-0.36044	-0.37217	-0.3546

图 4-9　预处理后的数据

实例先是将单位都去除并将数据转化为浮点型数据,然后进行标准化处理。得到了经预处理的数据之后就可以使用 PCA 算法进行降维。使用的代码与输出结果如[例 4-5]和图 4-10 所示。

[例 4-5]

代码

```
import pandas as pd # 导入 pandas 库并记为 pd
import numpy as np # 导入 numpy 库并即为 np
df1 = pd.read_excel('C:/下载/预处理后的茶叶品类数据.xlsx')
df = df1.iloc[:, 2:] # 取数据,不要行标签列和商品名称列
def pca(X): # 定义 PCA 函数
    n_samples, n_features = X.shape #.shape 获得 DataFrame 数据的行数和列数
    mean = np.array([np.mean(X.iloc[:, i]) for i in range(n_features)]) # 获得每
```

```
一列的均值
    norm_X = X - mean  # 去平均值
    scatter_martrix = np.dot(np.transpose(norm_X), norm_X)  # 获得协方差矩阵
    print(scatter_martrix)
    eig_val, eig_vec = np.linalg.eig(scatter_martrix)  # 求特征值以及特征向量
    eig_pairs = [(np.abs(eig_val[i]), eig_vec[:, i]) for i in range(n_features)] #将特征值与特征向量保存为元组的形式存在一个列表中
    eig_pairs.sort(reverse=True) #按照特征值绝对值的大小排列顺序
    t = sum(np.abs(eig_val)) #特征值的绝对值求和
    k = 0
    sumk = 0
    while sumk / t < 0.9: #从最大的特征值的绝对值开始选取,一个个相加,直到占总和的比例大于等于0.9为止,结束循环
        sumk += np.abs(eig_val)[k]
        k += 1
    feature = np.array([ele[1] for ele in eig_pairs[:k]]) #取出正好达到0.9的k个特征值对应的k个特征向量作为变换矩阵
    data = np.dot(norm_X, np.transpose(feature)) #将原数据与变换矩阵相乘得到降维数据
    return data
data = pca(df) #调用函数得到降维后的数据
newData = pd.DataFrame(data) #使用DataFrame结构保存
newData['商品名称'] = df1['商品名称'] #增加一列商品名称列
newData.to_excel('C:/下载/使用PCA降维后的茶叶品类数据.xlsx') #将降维后的数据保存到本地
```

输出结果(图 4-10)

	0	1	2	商品名称
0	0.336815189	-0.503959126	0.093932102	京东京造信阳毛尖125g*2罐装
1	-5.243582294	1.041607346	0.725380199	传奇会传奇会品质兰花香铁观音
2	0.402812072	0.273085659	1.230239199	小茶日记X-浓香型正山小种B10
3	0.226849038	0.101066398	1.315216572	印象堂绿茶
4	0.286953599	1.377080199	0.46846576	传奇会传奇会大红袍
5	-5.238283942	0.460858279	1.148227447	传奇会铁观音
6	0.637963622	-0.685663893	-0.15108458	狮峰钱塘龙井
7	-11.76054642	-0.621425141	-0.014545878	乐品乐茶毛尖
8	0.088341871	0.569786717	1.062347205	华源JDHCZH01
9	-3.407144658	-0.705121172	0.041566813	乐品乐茶碧螺春
10	-0.7600804	-1.363286394	-0.506281338	八马金骏眉
11	0.015716416	0.602685745	1.087006313	福茗源四大绿茶
12	0.444343507	-1.301963842	-0.213990897	八窨飘雪雨前毛尖
13	0.378445993	0.620619973	1.089961911	八百秀才英德红茶龙纹罐组合装500g
14	-11.76740747	-0.267312163	-0.333989386	乐品乐茶毛尖
15	0.602439766	0.039348118	-0.847570843	狮峰钱塘龙井
16	0.757192366	0.335953012	1.130740763	旭雅-散装绿茶-毛峰
17	0.441915633	-1.174531195	-0.328248506	八窨飘雪明前毛尖
18	0.556663216	-1.454893736	-0.622566093	八马龙井
19	-0.978516207	-1.367975818	-0.509695666	八马正山小种
20	0.718724351	0.769620285	0.862245052	五云村五云村实惠茶
21	0.749829004	0.713071172	-0.080777597	水甲茶香宫[illegible]24罐

图 4-10　PCA 降维后的数据

PCA 的主要流程如下：

(1) 读取数据，如果是未标准化的数据需要各列数据分别减去本列的均值。

(2) 计算协方差矩阵，设减去均值后的数据矩阵为 $\boldsymbol{X}$，则协方差矩阵为 $\boldsymbol{X}^{\mathrm{T}}\boldsymbol{X}$，其中 T 代表矩阵转置。

(3) 计算协方差矩阵的特征值与特征向量，按特征值从大到小排列。

(4) 计算特征值占特征值总和的百分比，从大到小选取特征值所占百分比相加，达到一定的比率就可以停止，在本例中选取的是 90%，维度从 8 降到了 3，即代表新的三个属性可以表达 90%的原来 8 个属性所表达的信息。

(5) 将前四个特征值对应的特征向量排列在一起，就组成主成分分析的变换矩阵，将原来的数据矩阵与变换矩阵相乘即可得到变换后的数据。

PCA 作为降维算法，其优点是能够使误差最小并且能够提取数据的主要信息，但是缺点在于其将所有的样本(特征向量集合)作为一个整体对待，去寻找一个均方误差最小意义下的最优线性映射投影，忽略了类别属性，而它所忽略的投影方向有可能刚好包含了重要的可分性信息。此外，PCA 算法降维后得到的数据是不具有解释性的，即虽然这一列属性可以代表原数据的主要信息，但不能解释这列属性的具体意义。

【探讨实践】

举出更多你所知道的关于数据预处理以及数据降维应用的例子。

【拓展训练】

尝试对小张获取的茶叶品类数据进行更多的预处理或数据降维。

项目五
数据分析

学习目标

● **能力目标**

1. 熟悉常用的数据描述性分析方法，理解数据特征、统计参数、统计量与统计分布之间的关系；
2. 掌握数据描述性分析原理，能够对预处理后的数据找到合适的分析方法；
3. 能在不同的业务场景下找到合适的模型进行分析；
4. 会撰写完整数据分析报告；
5. 掌握利用 Python 进行数据建模。

● **素养目标**

1. 培养描述性分析习惯，对预处理后的数据进行初步分析；
2. 养成专业业务素养，根据专业业务选定数据分析方法；
3. 培养数据建模思维；
4. 培养全局思维、合作思维。

知识图谱

项目背景

学习完数据预处理之后，小张开始对他爬取得到的数据进行了几种数据预处理操作，将最开始混乱的数据表格转化为清晰整洁的数据表格。现在，小张可以学习正式的数据分析相关的知识了，他即将迈出走向数据分析师最关键的一步。

在本项目中，小张先要学习数据的特征描述，然后进一步学习相关的统计量以及统计分布，最后尝试自己进行统计建模。除此之外，小张还需要与实际业务结合，了解业务场景和经营目标间的分析方法以及数据分析报告的撰写方法。

任务一　数据描述

【问题引入】

在学习完数据预处理的相关操作之后，小张通过清洗得到了“清晰整洁的数据”。接下来，小张要先对数据进行描述性的分析，这需要了解一些统计量与统计分布相关的知识，更重要的是，小张需要了解如何将这些知识与实际的业务场景联系在一起。

【认知实践】

一、数据特征、数据与业务场景的关系

在业务场景中，有各种各样不同类型的数据。一方面，从维度来说，数据可以分为截面数据、时序数据以及面板数据；另一方面，从数据格式是否严格来说，数据可以分为结构化数据与非机构化数据。不同种类的数据有不同的分析方法，所以在进行数据分析之前，需要先判别数据的类型、不同类型的数据出现的场景以及各种类型的数据通常使用的分析方法等。

（一）截面数据

截面数据是不同主体在同一时间点或同一时间段的数据，也称静态数据，如图 5-1 所示。

品牌	商品毛重	建议茶具	采摘要求	采摘地	发酵程度	类别	包装形式	净含量
音朗	0.95kg	盖碗，瓷碗	一芽两叶	福建	半发酵	清香型	礼盒装	500g
郭大侠	2.2kg	飘逸杯，盖碗	一芽三叶	福建	半发酵	浓香型	礼盒装	670g
八马	500.00g	飘逸杯，盖碗	一芽一叶	福建	全发酵	外山金骏眉	罐装	160g
八马	480.00g	飘逸杯，盖碗	一芽一叶	福建	全发酵	外山金骏眉	罐装	250g
安溪铁观音	1.245kg	盖碗	一芽两叶	福建	轻发酵	清香型	盒装	500g
八马	0.534kg	飘逸杯，盖碗	一芽两叶	福建	全发酵	无烟种	罐装	250g

图 5-1　截面数据

截面数据对统计单位的范围并无限制，但要求必须是在同一时间观察到的数据。例如，小张所采集到的茶叶品类数据就是截面数据，该数据是由在同一时间采集的不同商品的各类属性指标组成的。对于截面数据常用的分析方法有回归分析、聚类分析、判别分析、因子分析等。

（二）时序数据

时间序列数据简称时序数据，是指在不同时间点上收集到的数据，这类数据反映了

某一事物、现象等随时间变化的状态或程度。以下示例代表不同时间点某样本的几个统计量变化，发生在不同时间点，属于时序数据，如图 5-2 所示。

	sum	mean	std
2020-01-01 00:00:00	7.346848	0.040816	0.966113
2020-01-01 00:03:00	10.914258	0.060635	0.956257
2020-01-01 00:06:00	-5.771002	-0.032061	0.938395
2020-01-01 00:09:00	-14.355749	-0.079754	1.022344
2020-01-01 00:12:00	-13.984494	-0.077692	0.937818
2020-01-01 00:15:00	-9.100511	-0.091005	1.024639

图 5-2　时序数据

（三）面板数据

面板数据，也叫“平行数据”，是指在时间序列上取多个截面，在这些截面上同时选取样本观测值所构成的样本数据。或者说它是一个 $m \times n$ 的数据矩阵，记载的是 n 个时间节点上，m 个对象的某一数据指标，如图 5-3 所示。

证券代码	交易日期	考虑现金红利再投资的日个股汇报率	指数回报率	间隔天数
600004	2010/12/15	-0.006608	-0.004153	-11
600004	2010/12/16	-0.007761	0.00125	-10
600004	2010/12/17	-0.001117	0.001269	-9
600004	2010/12/20	-0.025727	-0.012485	-8
600004	2010/12/21	0.016073	0.013071	-7
600004	2010/12/22	-0.00791	-0.008237	-6
600004	2010/12/23	-0.0091112	-0.016958	-5
600004	2010/12/24	0	-0.018053	-4
600004	2010/12/27	-0.01954	-0.024464	-3
600004	2010/12/28	-0.029308	-0.015107	0
600004	2010/12/29	0.003623	0.004381	1
600004	2010/12/30	0.013237	0.02365	2
600004	2010/12/31	0.047506	0.015863	3
600004	2011/1/4	0.020408	-0.000936	4
600004	2011/1/5	0.027778	-0.006387	5

图 5-3　面板数据

常用的面板数据分析方法有混合效应模型、固定效应模型以及随机效应模型等。

可以说截面数据是横向选择数据；时序数据是纵向选择数据；面板数据则是两个方向兼顾，既有横向的数据又有纵向的数据。

动画视频：结构化数据和非结构化数据

（四）非结构化数据

要想了解非结构化数据，就得先了解结构化数据。结构化数据，是高度组织和整齐格式化的数据，是可以放入表格中的数据类型。它可能不是人们最容易找到的数据类

型，但与非结构化数据相比，无疑是人们更容易使用的数据类型。结构化数据具有明确的联系，使得这些数据运用起来十分方便，不过在商业上的可挖掘价值比较差。如日期、地址、信用卡号码等，这些结构化数据格式非常固定，因此失去了多样性。

本质上可以认为，除结构化数据之外的所有数据都可称为非结构化数据。它是结构不规则或不完整、没有预定义的数据模型，不方便用数据库二维逻辑表来表现的数据，包括所有格式的办公文档、文本、图片、报表、图像和音频等。

目前，非结构化数据已经占据企业数据的 80%以上。非结构化数据不符合任何预定义的模型，传统的数据分析工具和方法已不适用。随着储存成本的下降以及新兴技术的发展，行业对非结构化数据的重视程度得到提高。物联网、工业 4.0、视频直播产生了更多的非结构化数据，而人工智能、机器学习、语义分析、图像识别等技术方向则更需要大量的非结构化数据来开展工作。

二、数据参数与统计量、距离、模拟统计分布

数据建模之前，常常要对数据进行初步的描述性统计分析，计算出数据的某些统计特征。

常见的统计参数有反映数据集中趋势的众数、分位数和均值等，有反映数据离散程度的异众比率、四分位数、极差、平均差、方差、标准差、标准分数和切比雪夫不等式，以及反映相对离散程度的离散系数(变异系数)等，还有反映分布形态的偏态系数、峰态系数等。

统计量则是用于估计统计参数的变量。常见的统计量有样本均值、样本方差和样本标准差等。统计距离刻画了两个样本(记录)之间的相似程度。统计分布描绘了一个随机变量的分布规律，最常见的分布为正态分布。

(一) 集中趋势指标

1. 众数

众数为一列数据中出现最多次数的一个，下面用一个例子进行说明。从前文已爬取的数据中抽出净含量一列并将缺失值去除，以及将单位去除后保存(可在本书配套数字资源包中找到“茶叶净含量数据.xlsx”)，如图 5-4 所示。

	A	B	C	D	E
1	商品名称	净含量			
2	京东京造信阳毛尖125g*2罐装	250			
3	传奇会传奇会品质兰花香铁观音	500			
4	小茶日记X-浓香型正山小种B10	500			
5	传奇会铁观音	500			
6	乐品乐茶毛尖	250			
7	华源JDHCZH01	500			
8	八马金骏眉	80			
9	八窨飘雪雨前毛尖	125			
10	八百秀才英德红茶龙纹罐组合装500g	500			
11	乐品乐茶毛尖	250			
12	旭雅-散装绿茶-毛峰	500			
13	八窨飘雪明前毛尖	125			
14	八马正山小种	80			
15	五云村五云村实惠茶	500			
16	水里茶香宫玺24罐	300			
17	第一江南正山小种银罐	500			
18	京东京造云南凤庆百年古树红茶云红150g	150			
19	川红宜宾早茶特级雀舌	50			
20	小茶日记JZ-ZSXZ-01	500			
21	乐品乐茶雀舌	100			
22	福茗源 毛尖茶叶绿茶 首件28块 下2件发3罐 2022新茶明前嫩芽罐装125g	125			

图 5-4　抽取出来并处理后的净含量数据

选取数据表中“净含量”一列求众数，代码命令与输出结果如[例 5-1]所示。

[例 5-1]

代码

```
import pandas as pd #导入 pandas 库并记为 pd
df = pd.read_excel('C:/下载/茶叶净含量数据.xlsx') #读取数据
mode = df['净含量'].mode() #求众数
print(mode)
```

输出结果

```
0    500
dtype: int64
```

使用 pandas 的 mode()函数即可求得众数，括号中无须再添加参数。本例“净含量”一列的众数为 500 克，这说明市场上最普遍的茶叶净含量规格为 500 克，由此可以猜测消费者对 500 克的净含量规格可能较为喜爱。众数不受极端值的影响，即使最小为 1 克最大为 1 000 000 克也不影响众数为 500 克，适用于分类数据。

特殊情况下，可能会出现多个众数，如一场有 40 人参加的考试中有 15 人考了 95 分，另外有 15 人考了 100 分，剩下的 10 人随机分布在各个分数段，则出现了 100 分和 95 分两个众数。

2. 分位数

分位数代表了一列数据中处于某个位置的值，例如，上四分位数表示该数据前面有四分之一的数据而后面有四分之三的数据。依然以“净含量”为例，代码命令与输出结果如[例 5-2]所示。

[例 5-2]

代码

```
import pandas as pd #导入 pandas 库并记为 pd
df = pd.read_excel('C:/下载/茶叶净含量数据.xlsx') #读取数据
q1 = df['净含量'].quantile(0.25) #求上四分位数
q2 = df['净含量'].quantile(0.50) #求中位数
q3 = df['净含量'].quantile(0.75) #求下四分位数
print(q1)
print(q2)
print(q3)
```

输出结果

```
160.0
250.0
500.0
```

使用 pandas 的 quantile()函数即可求出任意分位数，括号中参数为对应分位数，如本例上四分位数参数为 0.25，中位数参数为 0.5，以此类推。

从[例 5-2]结果可以看到，“净含量”的上四分位数为 160，中位数为 250，下四分位数为 500；由此可以认为，在市场上茶叶有 25%的商品净含量低于 160 克，50%的商品净含量低于 250 克，以及 75%的商品净含量低于 500 克。

相比于众数，中位数具有唯一性，也不受极端值影响，更适用于定序数据。

3. 均值

均值即平均值，是一列数据之和除以数据个数所得到的结果，均值可以体现一列数据的平均水平。此处仍使用茶叶商品“净含量”为例求均值，代码命令与输出结果如[例 5-3]所示。

[例 5-3]

代码

```
import pandas as pd #导入 pandas 库并记为 pd
df = pd.read_excel('C:/下载/茶叶净含量数据.xlsx') #读取数据
mean = df['净含量'].mean() #求均值
print(mean)
```

输出结果

```
310.95705521472394
```

使用 pandas 的 DataFrame 的 mean()函数即可求得均值，括号中无须添加参数。本例结果显示，市场上茶叶商品的净含量均值为 310.96 克。

相比于众数与中位数，均值易受极端值影响，但具有唯一性，适用于数值型数据。

(二) 离散程度指标

1. 四分位差

四分位差是下四分位数与上四分位数之差，[例 5-2]中四分位差为 340(500−160)，说明第四分之一大的数据与第四分之三大的数据相差了 340，相差越大则说明数据越离散，即分散得越开。与分位数一致，四分位差不受极端值的影响，适合顺序数据而不适合分类数据。

2. 极差

极差又称全距，是一列数据的最大值与最小值之差，在 Pandas 中使用“max”属性减去“min”属性即可得到(将[例 5-3]代码中的“mean”改成“max”或“min”即可)，极差反映的是数据最大的变动范围，优点是计算非常简单，极差越大则说明数据的离散程度越大。依然用茶叶数据的净含量列，求出的最小值为 30 克，最大值为 670 克，则极差为 640 克，说明茶叶商品的净含量最大与最小之间相差了 640 克，这是相当大的一个数字。但极差只能反映一列数据两个端点的情况，而不能反映中间数据的情况，并且非常容易受到极端值的影响，因此不能准确地描述出数据的离散程度。

3. 方差与标准差

例如，甲、乙两个人的 5 次测验成绩分别用 X，Y 表示，如表 5-1 所示。

表 5-1 测试成绩表

	X(甲)	Y(乙)
1	50	73
2	100	70
3	100	75
4	60	72
5	50	70
均值	72	72

甲、乙两个人平均成绩均为 72。甲不稳定，对平均值的偏离大；乙的 5 次成绩则都与平均值很接近，对平均值的偏离小。方差就是用来描述这种关系的，解释为随机变量对于数学期望的偏离程度。

方差的计算公式如下：

$$S^2=\frac{\sum_{i=1}^{n}(x_i-\bar{x})^2}{n-1}$$

其中 S^2 为方差的符号，n 代表数据列中数据的总量，$\bar{x}$ 代表数据列的均值，$\sum_{i=1}^{n}(x_i-\bar{x})$ 代表从第一个数据值开始到第 n 个即最后一个数据值结束，每一个值与均值的差进行平方之后再求和。

标准差则由方差计算而来，将方差开平方根即可得到标准差，即标准差乘标准差等于方差，方差或标准差越大则代表数据的离散程度越大。标准差的计算公式如下：

$$s=\sqrt{S^2}$$

方差与标准差是有量纲，即有单位的，因标准差与数据值的单位是一致的，所以标准差更为常用。因为涉及数学运算，所以方差与标准差更适用于数值型数据。相对于极差而言，方差与标准差考虑了每一个数据值对离散程度的影响，所以在准确性方面会优于极差，但计算会相对复杂，在 Pandas 中也可以使用 var 属性得到方差，使用 std 属性得到标准差(将[例 5-3]代码中的“mean”改成“var”或“std”即可)。

4. 标准分数

标准分数也称标准化值，对应数据预处理中的标准化，标准化后的值除了在数据预处理中提及的作用之外，在度量离散程度方面也有用处。标准化之后的数据值单位为标准差。例如，−1.5 则代表比均值低了 1.5 个标准差。通常认为大于或小于 3 个标准差的数据值为离群值，这被称为六西格玛原则，在生产场景中非常实用。如果产品生产出来的质量超过或低于三个标准差，可以认为产品不合格，这样可以最大程度保证生产产品的质量与口碑。

5. 离散系数

离散系数又称变异系数，与之前提到的离散指标不同，离散系数是相对离散指标，计算公式为标准差除以均值。

由于标准差和均值都与数据值的单位一致，它们相除之后单位将消掉，也就是说离散系数是一个没有单位的指标，所以可以用来比较不同数据列之间的离散程度大小。例如，A 数据列离散系数为 5，B 数据列离散系数为 10，则可以认为 B 数据列的离散程度相较于 A 数据列更高。在生产与销售场景中，人们常常追求稳定性，离散程度越低说明稳定性越高，通过比较离散系数生产销售人员可以得到稳定性更高的人或事物。

（三）统计量

不含未知参数的样本函数称为统计量，其最大特征就是不含任何未知的参数。要了解样本函数先要了解总体与样本。

在数据分析中，研究对象的所有单位称为总体，而从总体中抽出的一部分单位则称为样本。例如，小张想研究市场上茶叶商品的价格，那么所有茶叶商品的价格就是总体，而小张通过 Python 爬取到的茶叶品类数据仅有三百多条，显然不能涵盖所有的茶叶商品，可以视为是总体的一个样本。

接下来了解统计量。继续以小张爬取的茶叶品类数据中净含量一列为例，假设预处理之后剩下 300 个数据，分别记为 $x_1, x_2, \cdots, x_{300}$，小张需要了解整个市场所有茶叶商品的净含量，即总体，但已知的只有 300 种商品的净含量，这时只能用样本来估计总体，而统计量正是承担着这样的作用。

常用的统计量有样本均值、样本方差和样本标准差等，其计算公式与统计参数中的均值、方差与标准差基本一致，此处不再赘述，有关统计量的性质将在统计分布讲解完成后再展开。

（四）统计距离

在一个二维平面中，若要衡量两个坐标点（假设为 x 点与 y 点）之间的距离，可以使用欧氏距离，如图 5-5 所示。

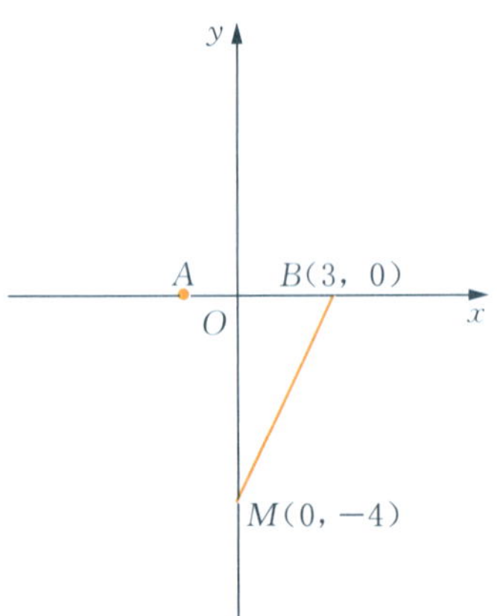

图 5-5　二维空间欧氏距离

二维平面中计算欧氏距离的公式如下：

$$d(x, y)=\sqrt{(x_1-y_1)^2+(x_2-y_2)^2}$$

其中 d 代表距离的符号，x 点的坐标为(x_1, x_2)，y 点的坐标为(y_1, y_2)。

若 B 点坐标为$(3, 0)$，M 点坐标为$(0, -4)$，则它们间的欧氏距离为：$d(B, M)=\sqrt{(3-0)^2+[0-(-4)]^2}=\sqrt{25}=5$。

如果将二维平面拓展到三维平面，则计算欧氏距离的公式为：

$$d(x, y)=\sqrt{(x_1-y_1)^2+(x_2-y_2)^2+(x_3-y_3)^2}$$

若此时 B 点坐标为(3, 0, 13),M 点坐标为(0, −4, 1),则:

$$d(B, M)=\sqrt{(3-0)^2+[0-(-4)]^2+(13-1)^2}=\sqrt{169}=13$$

即为此时 B 和 M 间的欧氏距离。

以此类推,到了 n 维空间,使用的欧氏距离公式也是通过求各个维度差值的平方和再进行开方就可以得到,公式如下:

$$d(x, y)=\sqrt{\sum_{i=1}^{n}(x_i-y_i)^2}$$

其中 x 点的坐标为$(x_1, x_2, \cdots, x_n)$,y 点的坐标为$(y_1, y_2, \cdots, y_n)$。

但这只是在数学上常用的欧氏距离,其大小与属性的单位有关。例如,净含量以克为单位时,一个商品为 200,另一个为 500,相差了 300,但是当以千克为单位时,一个商品为 0.2,另一个为 0.5,只相差了 0.3。由于欧氏距离不考虑单位,因此同一个商品使用欧氏距离度量距离时,可能会因为单位的不同而得到不一致的数值。除此之外,欧氏距离并没有考虑属性直接的相关性,例如,商品净含量较大的值其商品毛重一般也较大,所以这两个属性是有直接相关性的,但欧氏距离并没有考虑这种相关关系,欧氏距离的定义公式如下:

$$d(P, Q)=\sqrt{[(\boldsymbol{X}-\boldsymbol{Y})^{\mathrm{T}}\boldsymbol{A}(\boldsymbol{X}-\boldsymbol{Y})]}$$

其中 P, Q 是两个样本,$\boldsymbol{X}$, $\boldsymbol{Y}$ 分别是它们的数据矩阵,$\boldsymbol{A}$ 是对称阵,对不同的统计距离 $\boldsymbol{A}$ 矩阵各不相同。常用的统计距离之一——马氏距离在一维场合下的定义公式如下:

$$d(P, Q)=\frac{x-y}{s}$$

其中 s 代表标准差。可以看出,该公式与标准化的公式十分相似,这不是巧合。事实上,数据与一个样本中心的距离即为标准化的公式,这也是马氏距离定义下的距离公式,此时只需要将 y 替换成数据列的均值即可。

马氏距离表示点与一个分布之间的距离,它是一种有效的计算两个未知样本集相似度的方法。与欧氏距离不同的是,马氏距离考虑到各种特性之间的联系。例如,一条关于身高的信息会带来一条关于体重的信息,因为两者是有关联的,并且是尺度无关的,即独立于测量尺度。从标准化的作用不难推测出马氏距离消除了属性单位或者量纲的影响,得到的距离可以认为没有单位或者以一个标准差作为单位。在实际度量两个样本的相似性时,马氏距离是比欧氏距离更优秀的替代品。

(五) 统计分布

统计分布亦称"次数(频数)分布(分配)"。在统计分组的基础上,将总体中的所有单位按组归类整理,形成总体单位在各组间的分布。分布在各组中的单位数叫作次数或频数。各组次数与总次数(全部总体单位数)之比,称为比率或频率。将各组别与次数依次编排而成的数列叫作统计分布数列,简称分布数列或分配数列。它可以反映总体中所有单位在各组间的分布状态和分布特征,研究这种分布特征是统计分析的一项重要内容。统计分布及其分布数列,可以用表格或图形来表示。

通过研究变量的分布类型，可以掌握其分布规律，这十分重要。例如，在茶叶市场上掌握了茶叶价格的分布情况，就可以观察到任一区间的销售情况以及好评情况等，为茶叶经销商的价格定位提供更好的数据参考。

统计分布分为两大类，分别是离散分布与连续分布。离散分布的值只能在有限或者可数的点取到，而连续分布的值可以取到一个区间内的任意值。常见的离散分布有二项分布、两点分布、泊松分布、超几何分布、几何分布和负二项分布等。常见的连续分布有正态分布、均匀分布、指数分布、伽马分布和贝塔分布等。下面以二项分布与正态分布为例进行讲解。

1. 二项分布

一个只有两种结果的随机事件有投硬币是否为正面、考试是否通过、答题是否正确以及今天会不会下雨等。二项分布描述的就是这种类型的随机事件如果发生了 n 次，那么出现成功的次数为 k 次的可能性（即概率）。

例如，下雨的概率是 70%，如果有两天，假设这两天没有联系，那么两天都下雨的概率为 49%（70%×70%）；一天下雨一天不下雨的概率为 42%（70%×30%×2），而两天都不下雨的概率为 9%（30%×30%）。这三个概率相加为 1，表示事情发生只有这三种可能性，这样的分布情况即为二项分布。

动画视频：二项分布

二项分布具有两个参数，一个是事件发生的次数 n，另一个是只有两种结果的随机事件中其中之一（可以认为是成功事件）发生的概率 p。二项分布是离散型分布，在图像上表示为离散的点，如图 5-6 所示。

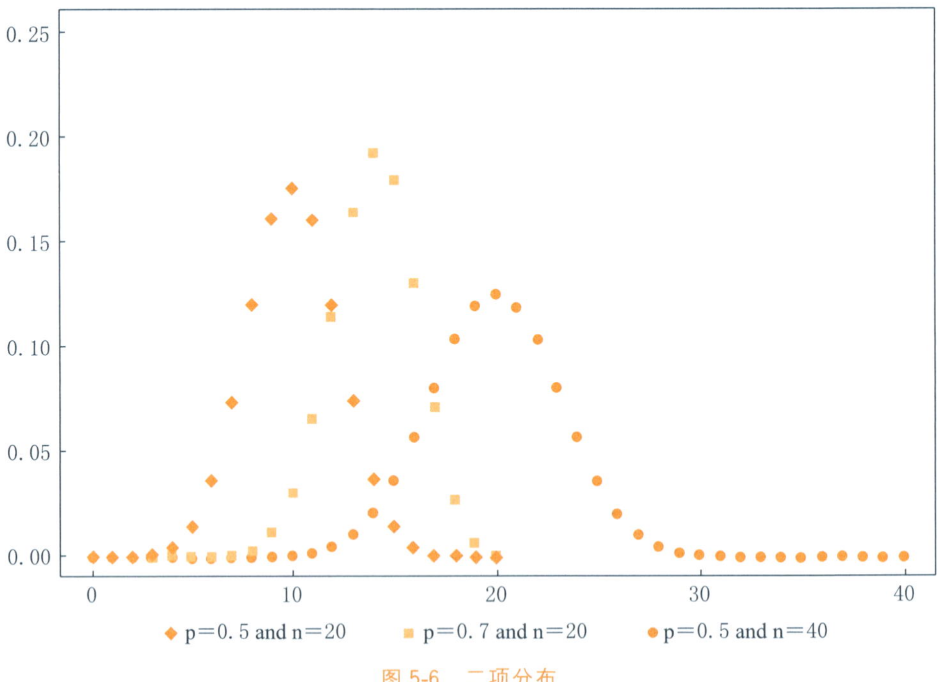

图 5-6　二项分布

在上述例子中事件发生的次数为 2，即预测下不下雨的天数是两天。而成功事件的概率为 70%，即下雨的概率是 70%。知道了这两个参数，就可以得到二项分布的所有结果。在二项分布的基础上还有多项分布，可以较好地拟合不同种类数量的定类数据。

2. 正态分布

正态分布，也称常态分布，又名高斯分布，是一个在数学、物理及工程等领域都非常重要的概率分布，在统计学的许多方面有着重大的影响力。正态曲线呈钟形，两头低，中间高，左右对称，因此又称为钟形曲线，如图 5-7 所示。

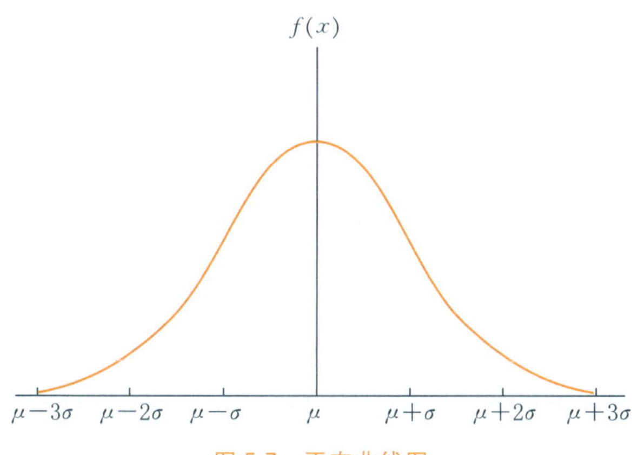

图 5-7 正态曲线图

从图 5-7 可以看出，正态曲线的大部分线段都在 $\pm 3\sigma$ 以内，这正是六西格玛原则的原理。六西格玛原则认为，对一个产品标准 μ，如果生产出来的产品超过或低于了 3 个 σ（即标准差），则认为是不符合标准的产品，应该视为不合格品。基于大数定律与中心极限定理等理论，许多事物或现象都可以被认为是正态分布，在自然界、人类社会、心理和教育中大量现象均按正态形式分布。许多的统计模型和分析方法都以正态分布作为基础，如方差分析、回归分析的正态假设等。

（六）拟合分布

对于一个随机变量（属性），如果需要研究它的分布，可以尝试使用已知的分布类型去拟合它。形象地说，拟合就是把平面上一系列的点，用一条光滑的曲线连接起来。因

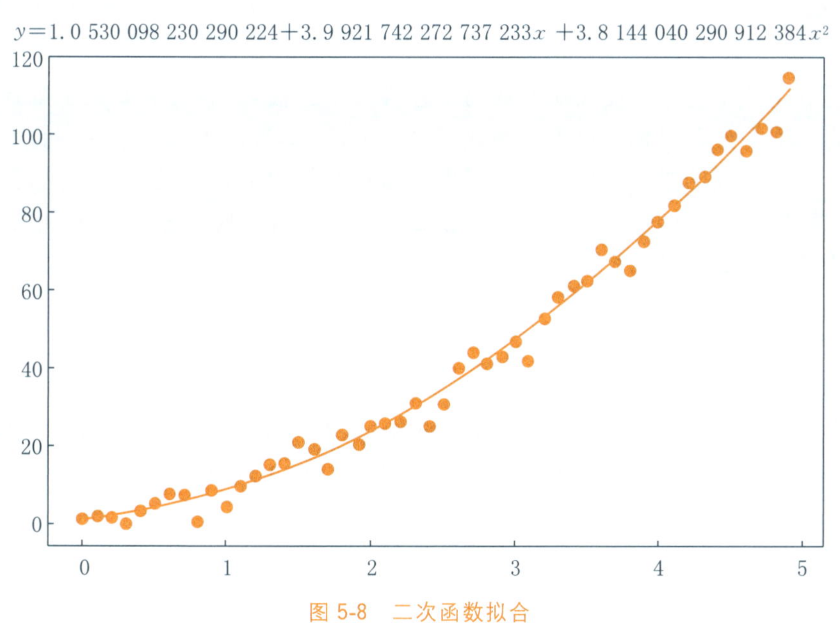

图 5-8 二次函数拟合

为这条曲线有无数种可能，从而有各种拟合方法。拟合的曲线一般可以用函数表示，根据这个函数的不同，有不同的拟合名字。

如图 5-8 所示，点为样本点，曲线为拟合曲线，光滑曲线为一元二次函数，即为二次函数拟合。除此之外，也可以用其他函数（如指数函数等）拟合一条与样本点相近的光滑曲线。

【探讨实践】

梳理本节所学知识点之间的联系，构建描述性统计知识框架。

【拓展训练】

尝试对小张爬取的茶叶品类数据进行更多的描述性统计分析。

任务二　数据建模

【问题引入】

小张在上文学习了方便快捷的数据描述性分析方法，并且已经知道了如何根据不同的业务场景与经营目标选择不同的数据分析方法，不过他还没有学会完整的数据建模过程。尽管数据的描述性分析可以帮助小张初步提取数据中的有效信息，但这还不够，如果需要进一步地进行数据分析，小张必须学习如何对数据建立模型，从而分析、获取更加有效的信息以及结论。

【认知实践】

本任务主要使用的函数及变量属性如表 5-2 所示。其中主要使用了 pandas 库、random 库、numpy 库以及 sklearn 库的 LinerRegression 和 train_test_split 方法，使用以下代码导入（其中，random 是一个专门提供随机数的库）。

```
import pandas as pd
import numpy as np
```

```
import random
from sklearn import LinerRegression
form sklearn import train_test_split
```

本任务出现的新函数及用途如表 5-2 所示。

表 5-2　新函数及用途

函　　数	用　　途
df.corr()	求相关系数
random.uniform()	获取一个随机数
np.array()	创建 array 数组
array.reshape()	改变 array 数组形状
train_test_split()	划分训练集与测试集
LinearRegression().fit()	拟合线性回归模型
reg.predict()	使用模型进行预测
reg.coef_	获取模型的系数
reg.intercept_	获取模型的截距
reg.score()	获取模型的 R 方值

一、线性回归法的基本原理

数据分析可以建立的模型有很多，在上文中已经介绍了如何根据具体的业务场景以及经营目标来选择合适的模型，本任务将介绍一个简单易懂且非常实用的模型——线性回归模型。

（一）回归效应现象

1875 年，高尔顿想通过对豌豆的实验来确定植物尺寸的遗传规律。他挑选了 7 组尺寸不一的豌豆，并找到他在英国不同地区的朋友，同时针对每一组各种下 10 粒种子，然后将原来的豌豆种子（以下简称“父代”）与新长出的豌豆种子（以下简称“子代”）的尺寸进行对比。

他发现子代的尺寸与父代不尽相同，尺寸较小的父代长出的子代尺寸会变大，而尺寸较大的父代长出的子代尺寸却变小了。高尔顿将这一现象称为“返祖”，认为是后代的尺寸会逐渐向祖先尺寸的平均值靠近，后来又将其改名为“向平均回归”。

后来，人们将事物极端性的减弱趋势称为“回归效应”。极端性指的是事物高于或低于它所在总体的平均值，在高尔顿的实验中父代的豌豆就是尺寸不一，有的高于均值有的低于均值，这就是极端性的表现，而子代出现的现象正是其极端性减弱的表现。

微课视频：数据建模——线性回归法的基本原理

当然，这一效应不仅仅能用在豌豆等植物上。例如，在动物的身高上，非常矮小的父辈通常会有偏高的子代，而非常高大的父辈则通常会有偏矮的子代，当然这是相对于他们的父辈而言的，如图 5-9 所示。此外，在班级的考试中，成绩最差的同学在下一次的考试中会倾向于有更好的成绩，而成绩最好的同学在下一次的考试中会倾向于有较差的成绩，这也是回归效应的现象之一。

图 5-9 回归现象

回归分析是处理变量之间关系的一种统计方法，如果研究的是两个变量之间的关系（x 与 y）则称为一元回归；若研究三个及三个以上变量间的关系，则称为二元回归以及多元回归等。而根据变量之间关系形态的不同，又可以分为线性回归与非线性回归两类。

（二）变量之间的关系强度

在许多业务场景中，都要对变量之间的关系进行研究分析，如广告支出与销售量之间的关系，如果了解了它们之间的关系，就可以通过控制广告支出的费用来得到预期的销售量。变量之间的关系可以分为两种，分别是函数关系与相关关系。

函数关系与在数学中学习的一样，一个 x 就一定对应一个 y，即 $y=f(x)$ 的形式，其中 x 为自变量，y 为因变量。但在实际问题中，变量之间往往不是一一对应的，一个变量可能是许多其他变量与外界因素相互叠加影响得到的结果，如茶叶的产量，其不仅与季节有关，还和土壤、施肥量、采摘手法等因素相关，不能找到一一对应的关系，但产量与季节是一定有关系的，这种关系就称为相关关系，是区别于函数关系的存在。

在线性回归法中，主要关注的是变量之间的线性关系。变量之间的关系可以通过散点图来直观观察，也可以通过线性相关系数的计算来衡量。

线性相关系数的值在 −1 与 1 之间，系数绝对值的大小度量了两个变量之间相关强度的大小。当线性相关系数为 −1 或 1 时，为完全线性，也就是函数关系，但大部分的变量线性相关系数都达不到 −1 或 1。若线性相关系数为正，则称两个变量正相关，当其中一个变量增加时，另一个变量也会增加；若相关系数为负，则称两个变量负相关，当其中一个变量增加时，另一个变量就会减少。在 Python 中可以很方便地实现线性相关系数的计算，此处使用 Python 生成的数据为例，使用的代码及输出结果如［例 5-4］所示。

［例 5-4］

代码

```
import pandas as pd #导入 pandas 库并命名为 pd
import random #导入 random 库
```

```
x = [1, 2, 3, 4] # 定义 x 列表
y = [i * 3+2 for i in x] # 定义 y 列表,为 x 中的元素乘 3 加 2
df = pd.DataFrame({'x':x, 'y':y}) # 定义 DataFrame 对象,数据为 x 和 y
print(df.corr()) # 输出 x 与 y 的相关系数矩阵
y2 = [i * 3+2+random.uniform(-1, 1) for i in x] # 定义一个 y2 列表,为 x 中的元素乘 3 加 2 再加上一个-1 到 1 之间的随机数
df2 = pd.DataFrame({'x':x, 'y2':y2}) # 定义 DataFrame 对象,数据为 x 和 y2
print(df2.corr()) # 输出 x 与 y2 的相关系数矩阵
```

输出结果

```
     x    y
x  1.0  1.0
y  1.0  1.0
           x        y2
x   1.000000  0.995357
y2  0.995357  1.000000
```

从实例可以看到。第一次 x 与 y 之间的相关系数为 1,这是因为 y 完全是由 x 经过线性变换得到的(即加减乘除);而第二次 x 与 $y2$ 之间的相关系数为 0.995 357,不为 1,这是因为加入了随机数的干扰,在实际中这样的干扰因素会有很多,所以大部分的变量之间都不是函数关系,而是相关关系。

(三) 变量之间的数量关系

相关系数只是度量两个变量之间的有无关系、有多强的关系,而回归分析可以度量变量之间的数量关系,并以数学表达式的形式将这种关系描述出来,如[例 5-4]中 $y2$ 的数据可以用 $y2=3x+2$ 来表示,但是有一定的偏差。回归分析的目的就是找到一个表达式使得对所有数据偏差的和最小。

在进行回归分析时,与数学中学习函数类似,需要先确定哪个变量是因变量,通常用 y 表示,以及哪个变量是自变量或在多元回归中哪些变量是自变量,通常用 x 来表示,或者用 x_1、x_2、x_3 等来表示。

在一元回归分析中,因变量与自变量都只有一个,用以下公式表示:

$$y=ax+b+\varepsilon$$

其中 a 和 b 是未知数,是根据已有的数据拟合而来的,ε 代表随机误差,反映 x 和 y 之间存在的线性关系之外的随机因素的干扰或影响。

确定 a 与 b 的值一般用最小二乘法,如图 5-10 所示,图上的圆点代表已知的数据,直线代表使用已知数据拟合出来的未知数 a 和 b 确定的直线,虚线代表 x 值确定的情况下,拟合出来的直线上的值与真实值的差距。最小二乘法的目的就是找到使得所有直线距离的和加起来最小的 a 和 b 的值,具体推导可以通过数学分析得到,此处不作展开,在 Python 中可以使用 sklearn 库来拟合该模型。

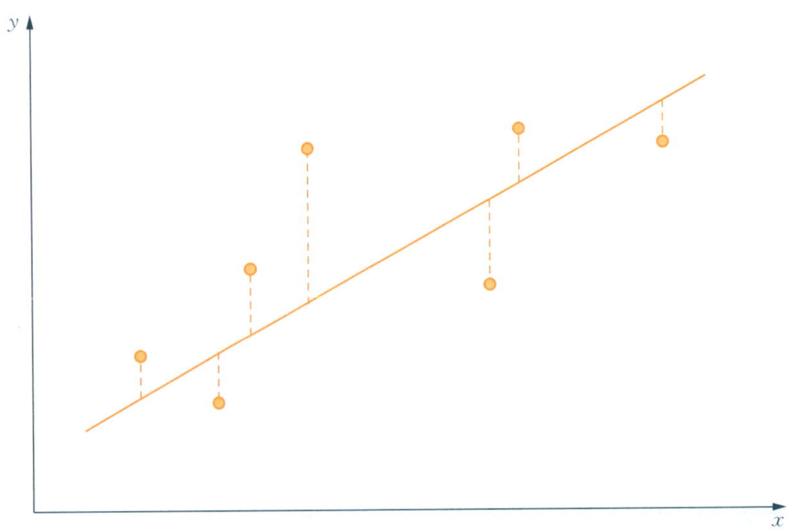

图 5-10　最小二乘法示意图

二、线性回归法的应用

(一) 一元线性回归

了解了线性回归法的原理，接下来用具体的例子来讲解其应用。针对线性回归法的数据要求，小张对茶叶品类数据进行了如下预处理：

(1) 删去品牌、商品名、建议茶具、采摘要求、采摘地、类别、生产许可证号、产品标准号、好评率和网址等属性。

(2) 删除含缺失值的行以及重复行。

(3) 将商品毛重和净含量单位转化为“千克”。

(4) 将储存方法计数，需要几种储存方法对应数字几。

(5) 将保质期转化为以月为单位。

(6) 将全部评价、好评、中评和差评单位全部转化为一条。

(7) 将发酵程度、包装形式进行独热编码。

(8) 将所有的属性值都转化为数值型。

使用的代码与输出结果如[例 5-5]和图 5-11 所示。

[例 5-5]

代码

```
import pandas as pd #导入 pandas 库并记为 pd
df = pd.read_excel('C:/下载/茶叶品类数据.xlsx', index_col=False, usecols=['商品毛重', '净含量', '储存方法', '保质期', '价格', '全部评价', '好评', '中评', '差评', '发酵程度', '包装形式'], dtype='str') #读数据，将不需要的行删去
df = df.dropna() #删除有缺失值的列
df = df.drop_duplicates() #删除重复列
df = df[~(df['发酵程度']=='')] #删除有空白值的列
```

```
def toKg(x): #定义函数将单位 g 转化成 kg 并转化为浮点型格式
    if x[-2:] == 'kg':
        return float(x[:-2]) #去掉 kg
    else:
        return float(x[:-1])/1000 #去掉 g 并除以 1000
def getDay(x): #定义函数转化日期以及浮点型格式
    if x[-1] == '月':
        return float(x[:-2]) #删掉个月
    elif x[-1] == '天':
        return float(x[:-1])/30 #删掉天并除以 30,有一个没有单位但数值为 1080
的以及 3 个数值为 540 的,excel 中在其后面加上天
    elif x[-1] == '年':
        return float(x[:-1]) * 12 #删掉年并乘 12,在数据中发现有两个以纯汉字
形式出现,在 excel 中先将其改为数字+单位的格式
    elif x == '长期保存':
        return 50 * 12 #长期保存的设置为 50 年的时间
def getNum(x): #将评论的万以及万+改成浮点型格式
    if x[-2:] == '万+':
        return float(x[:-2]) * 10000 #以万+去掉万+并乘以 10000
    elif x[-1] == '+':
        return float(x[:-1]) #以+结尾删去+
    else:
        return float(x) #其他直接输出为浮点型
df['商品毛重'] = df['商品毛重'].apply(toKg) #对商品毛重一列运用 toKg 函数
df['净含量'] = df['净含量'].apply(toKg) #对净含量一列运用 toKg 函数
df = pd.get_dummies(df, columns=['发酵程度','包装形式'], prefix_sep='_') #对发
酵程度与包装形式两列使用独热编码转化成数值型数据
df['储存方法'] = df['储存方法'].apply(lambda x : len(x.split(';'))) #对储存方法一列
按分号隔开,记录需要多少种储存方式
df['保质期'] = df['保质期'].apply(getDay) #对保质期一列运用 getDay 函数
df['价格'] = df['价格'].astype('float') #将价格的格式转化成浮点型
df['全部评价'] = df['全部评价'].apply(getNum) #对全部评价一列运用 toNum 函数
df['好评'] = df['好评'].apply(getNum) #对好评一列运用 toNum 函数
df['中评'] = df['中评'].apply(getNum) #对中评一列运用 toNum 函数
df['差评'] = df['差评'].apply(getNum) #对差评一列运用 toNum 函数
df.to_excel('线性回归需要的预处理数据.xlsx') #保存数据在新的 excel 文档中
```

输出结果(图 5-11)

	商品毛重	净含量	储存方法	保质期	价格	全部评价	好评	中评	差评	发酵程度_不发酵	发酵程度_全发酵	发酵程度_半发酵
0	0.56	0.25	2	45	84.9	50000	15000	400	200	1	0	0
1	1.415	0.5	2	18	190	500000	290000	4300	3300	0	0	1
2	0.76	0.5	3	45	68	50000	13000	200	200	0	1	0
4	0.58	0.5	5	45	48	50000	23000	400	300	1	0	0
5	1.36	0.5	3	36	268	50000	35000	200	200	0	0	1
6	1.163	0.5	2	18	77	500000	290000	4300	3300	0	0	1
7	0.4	0.2	4	30	96	20000	5300	100	80	1	0	0
8	0.455	0.25	4	45	99	1000000	680000	8800	6500	1	0	0
9	1.04	0.5	3	91.25	108	100000	25000	400	300	0	1	0
10	0.25	0.25	4	45	89	500000	250000	2400	1500	1	0	0
11	0.178	0.08	5	36	49	200000	64000	1000	700	0	1	0
13	1.175	0.5	5	12	99	100000	30000	400	400	1	0	0
14	0.195	0.125	4	18	24.9	50000	21000	200	100	1	0	0
15	1.2	0.5	5	36	99	50000	11000	300	200	0	1	0
16	0.45	0.25	4	45	188	1000000	680000	8800	6500	1	0	0
17	0.28	0.2	4	30.41667	292.12	20000	7100	100	100	1	0	0
18	0.63	0.5	4	45	99	2000	1100	1	2	1	0	0
19	0.195	0.125	4	18	56.7	50000	21000	200	100	1	0	0
20	0.14	0.05	5	18	49	50000	8800	100	80	1	0	0

图 5-11　预处理之后的数据

在 Python 中进行线性回归主要用到 sklearn 库中的 LinerRegression 方法，Scikit-learn（以下简称 sklearn）是一个开源的机器学习库，它支持有监督和无监督的学习，线性回归正是有监督学习模型的其中一种。此外，它还提供了用于模型拟合、数据预处理、模型选择和评估以及许多其他实用程序的各种工具。在 Python 中一般不直接调用整个 sklearn 库，而是直接调用它的某些方法，使用的代码为：

```
from sklearn import xxx
```

在下文线性回归的案例中可以见到具体的使用方法。

使用进行线性回归建模的主要步骤有：

（1）读取数据。

（2）将数据划分为因变量 X 与自变量 Y 两个部分。

（3）将 X、Y 划分为训练集与测试集共四个部分，即 X 的训练集、X 的测试集、Y 的训练集和 Y 的测试集。训练集是为了找到合适的线性模型，而测试集是为了检验训练集所找到的模型的准确性而存在的。

（4）将 X 训练集与 Y 训练集传入 LinerRegression 方法中进行模型的拟合从而得到模型。

（5）假设 Y 测试集是不知道的，用 X 测试集代入拟合的模型中得到 Y 测试集的拟合值。

（6）通过 Y 测试集的拟合值与 Y 测试集的比较得到衡量模型准确性的指标 R 方，R 方代表回归方程能够解释因变量对自变量影响的部分，R 方越接近 1 说明方程拟合的效果越好。

（7）画出 Y 测试集的拟合值与 Y 测试集的比较图像（此步骤可省去）。

由于商品的全部评价包含了商品的好评、中评、差评以及用户未作出的评价，故在案例中将全部评价的值看作商品的销量，以商品的销量作为因变量 Y，先进行一元线性回归，使用价格作为自变量 X，使用的代码与输出结果如［例 5-6］和图 5-12 所示。

[例 5-6]

代码

```
from sklearn.linear_model import LinearRegression  # 从 sklearn 库中导入 LinerRegression 方法
from sklearn.model_selection import train_test_split  # 从 sklearn 库中导入划分训练集与测试集的方法
import pandas as pd  #导入 pandas 库并记为 pd
import numpy as np  #导入 numpy 库并记为 np
from matplotlib import pyplot as plt  #从 matplotlib 库中导入 pyplot 方法并即为 plt
df = pd.read_excel('C:/下载/线性回归需要的预处理数据.xlsx', index_col=0) #读取数据
x = np.array(df['价格']).reshape(-1, 1)  #指定自变量,由于 LinerRegression 方法传入的自变量需要是矩阵形式,使用 numpy 库先将一维数据转化为 array 列表再转化为二维矩阵的数据
y = df['全部评价'] #指定因变量
xTrain, xTest, yTrain, yTest = train_test_split(x, y, test_size=0.3, random_state=420) #随机划分数据集为训练集与测试集,随机种子设置为 420,保证在不同端上产生的随机数一样
reg = LinearRegression().fit(xTrain, yTrain)  #使用 LinerRegression 方法拟合训练集
yHat = reg.predict(xTest)  #将 X 测试集传入训练好的模型中得到 Y 测试集的拟合值
print(reg.coef_)  #输出直线函数的系数斜率 a
print(reg.intercept_)  #输出直线函数的截距 b
score = reg.score(xTest, yTest)  #计算评价模型优劣的系数 R 方
print(score)  #输出 R 方的值
#以下为画图部分,将在项目六详细讲述
plt.rcParams['font.sans-serif'] = ['SimHei'] #用来正常显示中文标签
plt.plot(range(len(yTest)), sorted(yTest), c='black', label='实际值') #画出 Y 测试集实际值的图像,颜色为黑色
plt.plot(range(len(yHat)), sorted(yHat), c='red', label='预测值')  #画出 Y 测试集拟合值的图像,颜色为红色
plt.legend()  #创建图例
plt.show()  #输出图像
```

输出结果(图 5-12)

```
[44.4281201]
74416.51367121126
-0.0047959977385665375
```

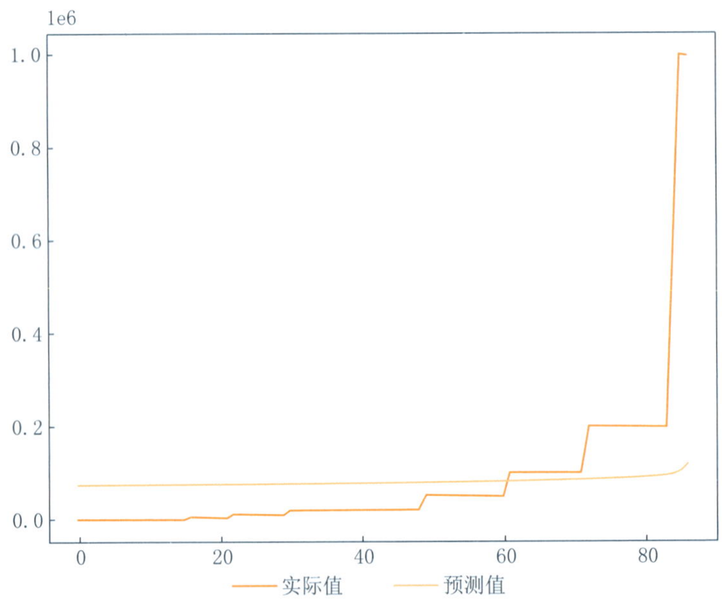

图 5-12　一元回归 Y 实际值与拟合值的对比

由输出结果可以得到一元回归模型：$y=44.428\ 120\ 1x+74\ 416.513\ 671\ 211\ 26$，但是 R 方的值小于 0，说明模型并没有参考意义，且图像中两条曲线差距较大，说明拟合得并不好。

（二）多元线性回归

下面再进行多个因变量即多元线性回归进行拟合，建模步骤基本一致，只是因变量的个数增加了，使用的代码及输出结果如[例 5-7]和图 5-13 所示。

[例 5-7]

代码

```
from sklearn.linear_model import LinearRegression  # 从 sklearn 库中导入 LinerRegression 方法
from sklearn.model_selection import train_test_split  # 从 sklearn 库中导入划分训练集与测试集的方法
import pandas as pd  # 导入 pandas 库并记为 pd
import numpy as np  # 导入 numpy 库并记为 np
from matplotlib import pyplot as plt  # 从 matplotlib 库中导入 pyplot 方法并即为 plt
df = pd.read_excel(r'C:\Users\Desktop\线性回归需要的预处理数据.xlsx', index_col=0) # 读取数据
xColumns = list(df.columns) # 将 s 定义为所有列标签的列表
xColumns.remove('全部评价') # 将 s 中的全部评价去掉作为因变量，剩下的属性名全部作为自变量
x = df[xColumns]  # 指定自变量
y = df['全部评价'] # 指定因变量
xTrain, xTest, yTrain, yTest = train_test_split(x, y, test_size=0.3, random_state
```

```
=420) #随机划分数据集为训练集与测试集,随机种子设置为 420,保证在不同端上产生的随机数一样
reg = LinearRegression().fit(xTrain, yTrain)  #使用 LinerRegression 方法拟合训练集
yHat = reg.predict(xTest)  #将 X 测试集传入训练好的模型中得到 Y 测试集的拟合值
print(reg.coef_)  #输出直线函数的系数斜率 a
print(reg.intercept_)  #输出直线函数的截距 b
score = reg.score(xTest, yTest)  #计算评价模型优劣的系数 R 方
print(score)  #输出 R 方的值
#以下为画图部分,将在项目六详细讲述
plt.plot(range(len(yTest)), sorted(yTest), c='black', label='Data') #画出 Y 测试集的图像,颜色为黑色
plt.plot(range(len(yHat)), sorted(yHat), c='red', label='Predict')  #画出 Y 测试集拟合值的图像,颜色为红色
plt.legend()  #创建图例
plt.show()  #输出图像
```

输出结果(图 5-13)

```
[ 4.81459195e+03  1.91114333e+04  -4.58501608e+02   1.59723690e+00
 -1.74588875e+00  1.00240667e+00   1.25898647e+02  -1.16157909e+02
 -7.34951405e+03  1.22731003e+04   4.79654401e+03  -1.26984251e+03
 -8.45028779e+03  1.06073499e+03  -6.62905522e+02  -4.64817134e+03
  4.14144644e+03  8.14954774e+03  -8.04065231e+03]
8690.968547413911
0.943547034130466
```

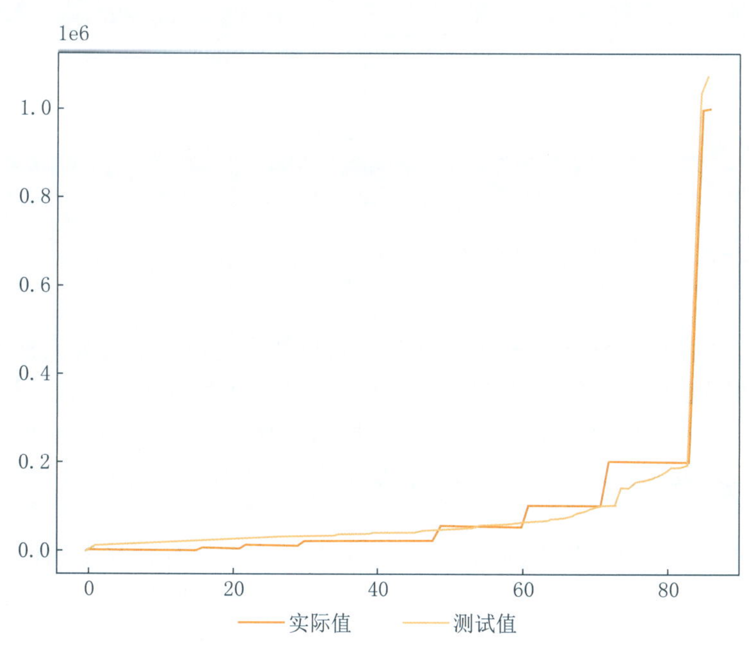

图 5-13 多元回归 Y 实际值与拟合值的对比

实例结果中 e+03 等标记为科学记数法，+后面的数值代表 10 的几次方，如 1e+03 代表 1×10^3。由输出结果可以看出得到的函数模型为：

$$y = 4.814\,591\,95\times10^3 x_1 + 1.911\,143\,33\times10^4 x_2 + \cdots\cdots + 8\,690.968\,547\,413\,911$$

R 方的值约为 0.94，接近 1，说明拟合程度较好，模型较为准确，且图像中两条曲线较为类似，说明拟合结果较好。对比一元回归与多元回归可以看到，多元回归得到的结果明显优于一元回归，这说明茶叶商品的销量可能与多种因素相关，且对于拟合较好的模型，可以给定自变量的值以得到较为准确的因变量的值即产品的销量，这样可以通过控制某些属性以得到较高销售量的茶叶商品。

【探讨实践】

理解回归分析法的原理，梳理回归分析法的应用流程。

【拓展训练】

尝试对数据进行标准化等更多的预处理操作，观察是否能得到更加优良的线性回归模型。

任务三　业务数据分析

【问题引入】

学习了数据的描述性统计分析，小张已经可以初步完成一个较为完整的数据分析任务了。数据分析的方法很多，但是光学会数据分析的各种方法与流程是远远不够的，更重要的是学会在不同的业务场景下选择不同的经营目标，并且还需要可以写出能够让业务人员或决策人员清楚明了的数据分析报告，以辅助业务决策的正确制定与高效实施。

接下来小张将学习如何根据不同的业务场景和经营目标选择不同的数据分析方法，并在完成数据分析之后如何编写令人满意的数据分析报告书。

【认知实践】

一、业务场景和经营目标间的分析方法

在实际应用中，数据分析是服务于实际的业务场景与企业的经营目标的。有这么一个故事：小明在学校学习了许多数据分析的方法，后来进入一家公司进行毕业实习，在一次任务中，小明打算使用深度学习算法训练一个完美的模型，但是却发现可以使用的数据太少了，于是使用了其他模型。他把得出的结论交给上级之后，上级却说实现的可能性不大，即使实现了，投入产出比也不大。由此可以看出，在进行数据分析时，了解业务场景与经营目标是非常重要的。

（一）业务场景

业务场景指的是，企业和商家需要在用户某个特定的环节中，适时提供给消费者可能需要的以及关联的产品或服务。换句话说，业务场景是商家和消费者，是企业和客户，是平台商和供应商之间的连接器。

一个业务场景总是可以通过“谁”“在什么环境下”“干什么或遇到什么问题”“如何互动”“有何价值”这五个要素综合进行表述。

（1）“谁”指的是业务场景中的主体，是业务的参与者，常用人或者系统来描述。

（2）“在什么环境下”指的是业务发生的时间、空间或者状态等。

（3）“干什么或遇到什么问题”指的是主要事件、主体完成的事情，可以用任务序列来描述。

（4）“如何互动”指的是人与业务的连接方式，它们的中介是什么，用产品的介质或服务形态进行描述。

（5）“有何价值”指的是业务完成的目标，回答了“这一业务场景的价值是什么”的问题。

例如，在用百度引擎搜索问题这一场景下，用户是业务的主体，环境是互联网上或者是浏览器中，主要进行了搜索这一事件，通过搜索框进行互动，价值是用户得到了想要查找的问题的答案。使用这种方法，一个复杂的业务场景可以被解构成几个独立的元素，这给数据分析工作带来了便捷。

（二）经营目标

经营目标是企业愿景的具体化，是企业在一定时期内对生产经营活动的预期。不同企业往往有着不同的经营目标，包括但不限于培养忠诚的客户、获得合理的利润、在行业内具有领导地位、企业产值或企业规模持续地增长、员工的能力不断地增长、提高团队领导力和承担好相应的社会责任等，不同的经营目标反映了企业对未来的不同预期。

在不同的企业，不同部门的职责或具体任务也许不尽相同，但它们本质上都服务于企业的经营目标。数据分析的工作也不例外，数据分析所得出的结论最终都要为企业的经营目标服务，所以在进行数据分析时，应该把企业经营目标作为一个重要的考虑因素贯穿在整个流程中。

（三）合适的数据分析方法

由于业务场景与经营目标的重要性，学会根据不同的业务场景以及经营目标选择

不同的数据分析方法是非常必要的。数据分析可以使用的模型不可胜数，但还是可以根据一些标准将它们分成较大的类别，如生成模型与判别模型、参数模型与非参数模型、监督模型与非监督模型以及预测模型、分类模型和聚类模型等。

1. 监督模型与非监督模型

按照数据集中是否存在因变量的数据可以将模型分为监督模型与非监督模型。当然，还有中间类别即半监督模型，由于无监督学习的模型训练相对困难，所以半监督模型比无监督模型更为常用一些。例如，一位茶叶经销商想通过往年的茶叶产量数据来预测今年的茶叶产量，由于往年的茶叶产量已知，所以可以选择使用监督模型进行分析。而如果只有一些土壤、季节和施肥之类的信息而不知道往年的产量，则需要使用无监督模型进行分析。若过去一些年份的产量数据已知，但近些年的产量数据未知，则可以使用半监督模型进行分析。

2. 生成模型与判别模型

监督模型又可分为生成模型与判别模型两类。两者的数据集中都包含因变量的数据，它们的区别在于判别模型只关心新的样本数据所对应的因变量的值，而生产模型还关心因变量的完整统计分布。

例如，现需要一个模型来辨认红茶和绿茶，如果使用判别模型，模型将会从已有的数据中学习，然后提取新茶叶的特征来预测是红茶还是绿茶的概率分别是多少。而如果使用的是生成模型的话，模型将会从已有的数据中分别学习一个绿茶模型和一个红茶模型，然后将新茶叶的特征分别放入两个模型中得到概率，哪个概率大，新的茶叶就属于哪种类别。

由于生成模型关注的是数据的完整分布，学习到的数据信息更多，而不只是一个预测的数值，故生成模型训练所需要的成本较高，且需要的数据量更大。而判别模型则只关注数据之间的差异信息，并不关注数据的分布，故需要的训练成本较低，即使没有大的数据量也可以训练得较好。故当数据量较大且具备一定的时间以及硬件条件的时候选用生成模型优于判别模型，而当数据量较小或时间以及硬件条件较差时选用判别模型更好。值得注意的是，在一定的条件下生成模型可以转化为判别模型，但判别模型却无法转化为生成模型。

3. 参数模型与非参数模型

前已述及二项分布有两个参数，一个是事件发生的次数 n，另一个是只有两种结果的随机事件中其中之一发生的概率。而参数模型通常假设数据服从某种分布，这个分布可以由某一些参数组成。而非参数模型对分布的假设不加限制，故对分布的参数也没有限制，注意，非参数的意思并不是没有参数，而是不规定参数，可以有很多参数。

参数模型，通常给定模型目标函数的类型。例如，一元回归分析的目标函数为 $Y=aX+b$，a 和 b 为预先设定的参数，训练模型实质上就是确定 a 和 b 的值。参数模型间接移动，由于目标函数类型的确定具备可解释性以及可理解性，且参数数量有限，训练速度很快并且不需要大量的数据。

非参数模型，通常不对模型的目标函数形式作假定，而通过对大量的数据进行训练，拟合出某种形式的目标函数。例如，神经网络中参数量很大，通过对数据的拟合可以确定哪些参数是需要的，是什么样的值，哪些参数是可以放弃的，以此来得到一个最优的模型。非参数模型对数据拟合的能力比参数模型更强，但由于参数量众多，通常不能弄清楚每

一个参数的含义，且训练速度比参数模型慢得多，也需要大量的数据作支撑。

4. 预测模型、分类模型和聚类模型

按照模型的目的不同，可以分为预测模型、分类模型与聚类模型。

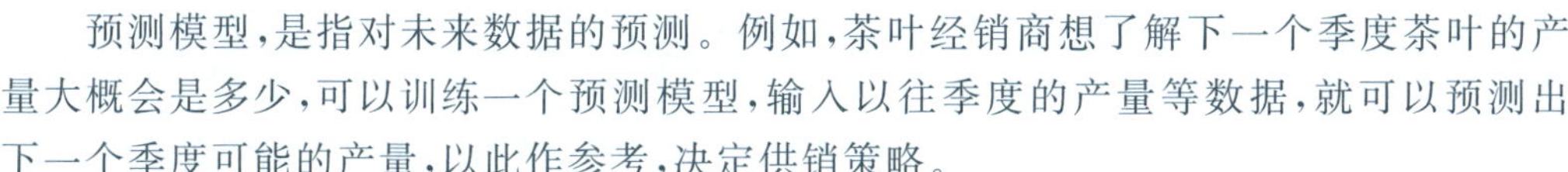

预测模型，是指对未来数据的预测。例如，茶叶经销商想了解下一个季度茶叶的产量大概会是多少，可以训练一个预测模型，输入以往季度的产量等数据，就可以预测出下一个季度可能的产量，以此作参考，决定供销策略。

分类模型，则是将不同的数据归到某一个类别中。例如，茶叶行业对茶叶商品分了等级，通过对茶叶的各种属性进行评判，以确定该茶叶属于哪一个等级。其中每一个等级就是一个类别，茶叶的属性为新的输出数据，茶叶的评判标准就相当于已经训练好的分类模型。

聚类模型与分类模型类似，但没有事先确定的类别。例如，茶叶经销商分析一批茶叶商品，并不知道这些商品有什么不同，他可以尝试建立一个聚类模型，将这批茶叶商品分成几个类别，再对同一个类别里的商品观察相同点提取共同特征，对不同类别的商品观察不同点寻找差异，以此了解这批茶叶商品的分布情况。

二、数据分析报告的撰写方法

数据分析最终是为业务场景与经营目标服务的，为了从数据的分析过程过渡到决策场景中，需要以数据分析报告作为桥梁。从某种意义上说，数据分析报告是对整个数据分析过程的一个总结。数据分析报告本质上是一种沟通与交流的形式，主要目的在于将分析结果、可行性建议以及其他价值的信息传递给管理人员。它需要对数据进行适当的包装，让阅读者能对结果作出正确的理解与判断，并可以根据其作出有针对性、操作性、战略性的决策。

数据分析报告的撰写并没有特别严格的要求，但一般都会包括主题封面、背景与目的、研究方法、正文和结论与建议几个部分。

（一）主题封面

主题是对整篇数据分析报告的概括性描述，一个好的主题应该做到直接、确切以及简洁。直接是指主题要直截了当，开门见山地表达出报告的基本观点，让读者一看就能明白数据分析报告的基本思想，易于理解报告内容。确切是指文题切合、长度适宜，将报告的内容及特点很好地表现出来。简洁是指主题应该有高度的概括性，用较少的文字集中、准确地进行表述。一般的写作方法有：

（1）反映分析主题，加入分析的对象、时间、内容和范围等元素，如《2023 年中国茶叶市场研究》。

（2）反映核心问题，以提问的方式吸引读者的注意与思考，如《桑叶茶为什么能成为茶客新宠？》。

（3）反映核心内容，对报告最核心的数据以及相关内容进行描述，如《中国茶叶市场规模持续增长》。

（4）反映核心观点，点明报告的基本观点，如《中国茶叶市场正走向繁荣期》。

（二）背景与目的

对数据分析背景进行说明，主要是为了让报告阅读者对整个分析研究的背景有所了解，主要阐述此项分析的主要原因、分析的意义，以及其他相关信息，如行业发展现状等内容。报告的目的是让阅读者了解开展此次分析能带来何种效果，可以解决什么问题。有时将研究背景和目的意义合二为一。对外的行业报告，可不加目的，例如，如某份关于茶叶市场的报告可以写因为某桑叶茶公司最近上市，股价很高，为了探究桑叶茶在中国茶叶市场中的发展情况，以开展此次调查。

(三) 研究方法

在研究方法中可以写明数据分析报告中主要的研究对象是数据的来源及其采集方式，报告所分析的内容有怎样的假设前提，结论在什么范围内使用，以及使用了什么分析方法和报告的分析流程、思维逻辑等内容。

例如，要研究茶叶商品的销量与该商品的其他属性之间的关系，研究对象即为某平台的茶叶商品，数据来源于某个平台，是利用 Python 网络爬虫技术进行爬取得到的，假设茶叶商品的销量与商品的其他属性之间存在线性关系，分析流程为采集数据、数据预处理、描述性统计分析、建立线性回归模型、得出结论等。

(四) 正文

正文是数据分析报告的核心部分，它将系统全面地表述数据分析的过程与结果。撰写正文报告时，根据之前分析思路中确定的每项分析内容，利用各种数据分析方法，一步步地展开分析，通过图表与文字相结合的方式，形成报告正文，方便阅读者理解。

例如，小张的茶叶品类调查数据分析报告就需要将分析的过程详细地展开描写，特别是描述性统计分析与如何确定分析模型，对模型结果如何解释，根据模型结果怎样与业务场景和营业目标结合起来等分析细节。

(五) 结论与建议

结论与建议是数据分析报告中最重要的一部分。在进行正文中的分析之后，需要对分析的结果进行归纳总结，从中提出关键信息作为报告的总结。根据归纳的结论，再提出针对性的建议。对于好的结论，阐述怎么可以做得更好或者保持；对于不好的结论，提出如何改进。在此基础上，也可另外写出其他相关的建议。如在小张的报告中发现茶叶的销量与茶叶的发酵程度有关，且半发酵的茶叶商品相比其他商品销量更多，那么可以考虑再加大半发酵茶叶产品的产量以及市场投放量。

【探讨实践】

总结在不同业务场景与经营目标下的适用分析模型，梳理数据分析报告书的撰写流程。

【拓展训练】

尝试了解每种分析方法都有哪些具体的模型，它们有什么不同？尝试对茶叶品类数据进行描述性分析并撰写简单的数据分析报告。

项目六

数据可视化分析

学习目标

● 能力目标

1. 了解数据可视化概念、作用，为图表绘制的选择奠定基础；
2. 掌握通过数据可视化洞悉蕴含在数据中的现象和规律；
3. 掌握根据不同数据绘制并美化图表。

● 素养目标

1. 养成用数据可视化辅助数据分析的习惯；
2. 养成用图表直观地揭示客观规律的职业思维。

知识图谱

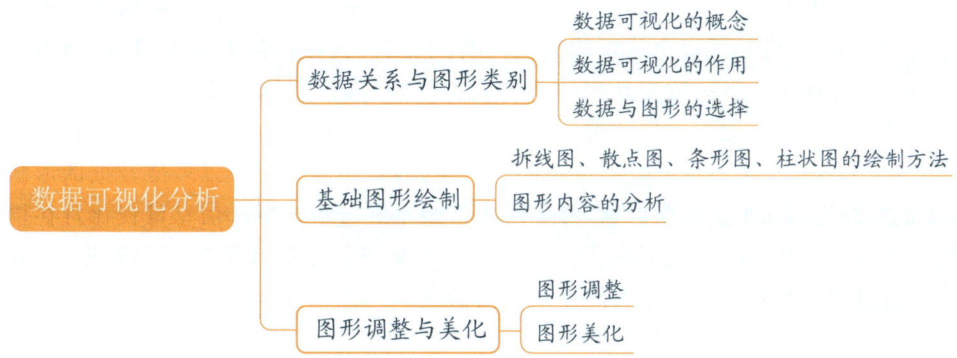

项目背景

数据的可视化和分析是许多项目的关键组成部分，涵盖了商业、科学和社会科学等各个领域。这个项目涉及使用可视化和统计技术来理解数据的模式和趋势。其主要目的是探索和确定在原始数据中难以识别的见解和趋势。该项目使用 Python 中的 matplotlib 与 pyecharts 库来可视化数据，以便能够轻松地解释和交流研究结果。

小张觉得，数据的可视化和分析可以帮助人们根据数据中发现的趋势和模式作出恰当的决定。因此，小张想通过数据可视化的方式更好地理解消费者行为，最终完成数据分析报告。

任务一　数据关系与图形类别认知

【问题引入】

小张准备先从数据的关系与图形类别入手，在明确了数据之间的关系以及各类图形的特点之后，再根据此前获取的电商茶叶数据选择合适的图形进行数据可视化。

【认知实践】

一、数据可视化的概念

数据可视化包括狭义的数据可视化和广义的数据可视化。我们经常听到的数据可视化大多指狭义的。Julie Steele 在《数据可视化之美》一书中提到："数据可视化和信息可视化是两个类似的专业术语。狭义上，数据可视化是指以统计最终表的形式呈现数据，而信息可视化是指非数字信息的可视化。前者用于传递信息，后者用于表达抽象或复杂的概念、技术和信息。广义上，数据可视化是指数据可视化、信息可视化和科学可视化等。"

科学可视化、信息可视化和数据可视化没有严格的界限，但它们有不同的关注点。科学可视化是科学中的一个跨学科研究和应用领域，主要关注三维现象的可视化，如建筑、气象学、医学或生物学中的各种系统。重点是体积、面和光源的真实渲染。科学可视化是计算机图形学的一个子集，也是计算机科学的一个分支。信息可视化与科学可视化的区别在于，科学可视化处理的数据具有天然的几何结构（如磁感应线、流体分布等），而信息可视化处理的数据具有抽象的数据结构，其重点是将抽象概念转化为视觉信息。数据可视化类似于信息可视化，数据可视化将数据库中的每个数据项表示为单个图元素，大量数据集构成数据图像。同时，数据的每个属性值都以多维数据的形式表示，从而可以从不同维度观察数据，并更深入地观察和分析数据。信息可视化旨在以可视化的方式显示数据。信息可视化是一种将数据和设计相结合的数据表达形式，有利于个人或组织以简短有效的方式向受众传播信息。

二、数据可视化的作用

人类利用视觉获取的信息量远远大于其他器官。人眼是一对并行处理器，以高带宽输入大量视觉信号。它们具有超强的识别能力，并与 50%以上用于视觉感知相关处理的大脑合作，使人类通过视觉获取数据比任何其他渠道都更好。大量的视觉信息在潜意识阶段被处理，人类的图像处理速度比文本处理快 6 万倍。数据可视化是利用这种人类天生的技能来增强数据处理以及组织效率。数据可视化的作用主要有以下几点。

（一）加速信息获取

数据可视化技术是将数据转化为易被用户感知和认知的可视化视图的重要手段。视觉是人类获取外部信息的最快、最重要的渠道。人类大脑 50%以上用于视觉感知，

70%以上的感知接收器位于人眼中，大脑接收的信息 90%来自视觉。人类利用视觉获取和处理的信息量远远超过其他方式。

(二) 增强理解和认识

利用人眼的感知和模式识别能力，可视化可以帮助人们增强认知，发现常规统计方法难以得到的洞察。具体表现为：❶外挂式的处理器，节省注意力。❷更容易唤起已有的知识，加速信息的链接。❸更容易捕捉规律或异常结构，增强信息洞察。

(三) 观点交流

数据可视化可用于表达较强烈和明确的论点，通过比文字更具震撼力的效果来引起重视，放大信息的影响力。通过使用图表、图形和其他视觉辅助工具，数据可以以一种突出关键点和趋势的方式呈现，使观看者更容易吸收和保留信息。当人们试图做一个有说服力的论点或说服某人某一特定观点时，往往会选择辅以合适的图表。通过以一种视觉上有吸引力和引人注目的方式展示数据，可以抓住观众的注意力，使信息更吸引人、更令人难忘。与单纯的文字相比，可视化图表让人能产生更强烈、更清晰的印象。

三、数据与图形的选择

(一) 类别比较型

类别比较型图表的数据一般包含数值型和类别型两种数据类型，例如，在柱形图中，横轴为类别型数据，纵轴为数值型数据，采用位置与长度两种视觉元素。类别型数据主要包括柱形图、条形图、雷达图、坡度图、词云图等，通常用来比较数据的规模。有可能是比较相对规模，显示出哪一个比较大；也有可能是比较绝对规模，需要显示出精确的差异。

常见的类别比较型图表有堆积条形图、堆积柱形图、漏斗图、瀑布图、簇状条形图、簇状柱形图、仪表图与树状图。

(二) 数据关系型

数据关系型图表分为数值关系型、层次关系型和网络关系型三种。

数值关系型图表主要展示两个或多个变量之间的关系，包括最常见的散点图、气泡图、曲面图、矩阵散点图等。该图表的变量一般都为数值型，当变量为 1 至 3 个时，可以采用散点图、气泡图、曲面图等；当变量多于 3 个时，可以采用高维数据可视化方法，如平行坐标系、矩阵散点图、径向坐标图、星形图和切尔诺夫脸谱图等。

层次关系型图表着重表达数据个体之间的层次关系，主要包括包含和从属两类，如公司不同部门的组织结构，不同洲的国家的关系，可以用节点链接图、树形图、冰柱图、旭日图、圆填充图、矩形树状图等来进行可视化。

网络关系型图表是指那些不具备层次结构的关系数据的可视化。与层次关系型数据不同，网络关系型数据并不具备自底向上或者自顶向下的层次结构，表达的数据关系更加自由和复杂，其可视化的方法常包括桑基图、和弦图、节点链接图、弧长链接图、蜂箱图等。

(三) 数据分布型

数据分布型图表主要显示数据集中的数值及其出现的频率或者分布规律，包括统计直方图、核密度曲线图、箱形图、小提琴图等。其中，统计直方图最为简单与常见，又称质量分布图，由一系列高度不等的纵向条纹或线段表示数据分布的情况，一般用横轴表示数据类型，纵轴表示分布情况。

(四) 时间序列型

时间序列型图表强调数据随时间的变化规律或者趋势，横轴一般为时序数据，纵轴为数值型数据，包括折线图、面积图、雷达图、日历图等。其中，折线图是用来显示时间序列变化趋势的标准方式，非常适用于显示在相等时间间隔下数据的趋势。

(五) 局部整体型

局部整体型图表能显示出局部组成成分与整体的占比信息，主要包括饼图、环形图、矩形树状图、百分比堆积柱形图、百分比堆积条形图等等。例如，饼图是用来呈现部分和整体关系的常见方式，在饼图中，每个扇区的弧长(以及圆心角和面积)大小为其所表示的数量的比例。

(六) 地理空间型

地理空间型图表主要展示数据中的精确位置和地理分布规律，包括等值区间地图、带气泡的地图、带散点的地图等。地图用地理坐标系可以映射位置数据。位置数据的形式有许多种，包括经度、纬度、邮编等，但通常都是用纬度和经度来描述的。

【探讨实践】

此前，同学们对柱形图、折线图、饼图等一定也不陌生，请和同学讨论选择该类图形绘制图像的理由。

【拓展训练】

请尝试在 Power BI 中使用此前获取的电商茶叶销量数据表，并绘制合适的图形。

任务二　基础图形绘制

【问题引入】

小张准备从采集到的电商平台茶叶销售数据表入手，学习并绘制图形。小张想到在此之前了解 Python 中的 matplotlib 库可以实现数据可视化，但还不清楚应该怎样使用，所以好学的小张来到实验室请教老师。

【认知实践】

Python 中的 matplotlib 是 Python 的第三方模块，能够绘制各式各样的 2D 图形。在绘制图表前需要引入 matplotlib 库，相应的代码通常写成：

```
import matplotlib.pyplot as plt
```

matplotlib 中 pyplot 子模块是它的核心模块之一，pyplot 模块提供一批预定义的绘图函数，大多数函数可以从函数名辨别它的功能。pyplot 子模块中的常用函数如表 6-1 所示。

表 6-1　pyplot 子模块中的常用函数

函　　数	用　　途
plt.plot()	绘制折线图
plt.scatter()	绘制散点图
plt.barh()	绘制条形图
plt.bar()	绘制柱状图
plt.xlabel()	添加 x 轴标签
plt.ylabel()	添加 y 轴标签
plt.title()	添加图形标题
plt.legend()	添加图形中的图例
plt.show()	显示绘制图形

一、折线图、散点图、条形图、柱状图的绘制方法

（一）折线图的绘制方法

小张对采集到的茶叶数据进行预处理，首先对价格进行分组，共设置了 5 个分组，依次为 0～50、50～100、100～250、250～400、400 以上，并以“全部评价”中的数据代替销量数据，处理后得到的数据表如表 6-2 所示。

微课视频：数据可视化分析——基础图形绘制

表 6-2　价格区间销量表

价格区间	销　　量
0～50	3 785 500
50～100	16 217 551
100～250	8 959 500
250～400	3 843 000
400 以上	797 000

使用的代码及输出结果如[例 6-1]和图 6-1 所示。

[例 6-1]

代码

```
# 导入 pandas、matplotlib 库
import pandas as pd
```

```
import matplotlib.pyplot as plt
# 用来正常显示中文标签(使用时可以直接照搬)
#'font.sans-serif'是 matplotlib 库中用于设置默认字体的属性,'SimHei'为黑体
plt.rcParams['font.sans-serif'] = ['SimHei']
#设置 x 轴与 y 轴的数据
x = ['0～50', '50～100', '100～250', '250～400', '400 以上']
y = [3785500, 16217551, 8959500, 3843000, 797000]
#创建画布
fig = plt.figure()
#绘制折线图
plt.plot(x, y)
#设置 x 轴与 y 轴标签
plt.xlabel('价格区间')
plt.ylabel('销量')
#设置图形的标题
plt.title('价格区间销量折线图')
#展示图形
plt.show()
```

输出结果(图 6-1)

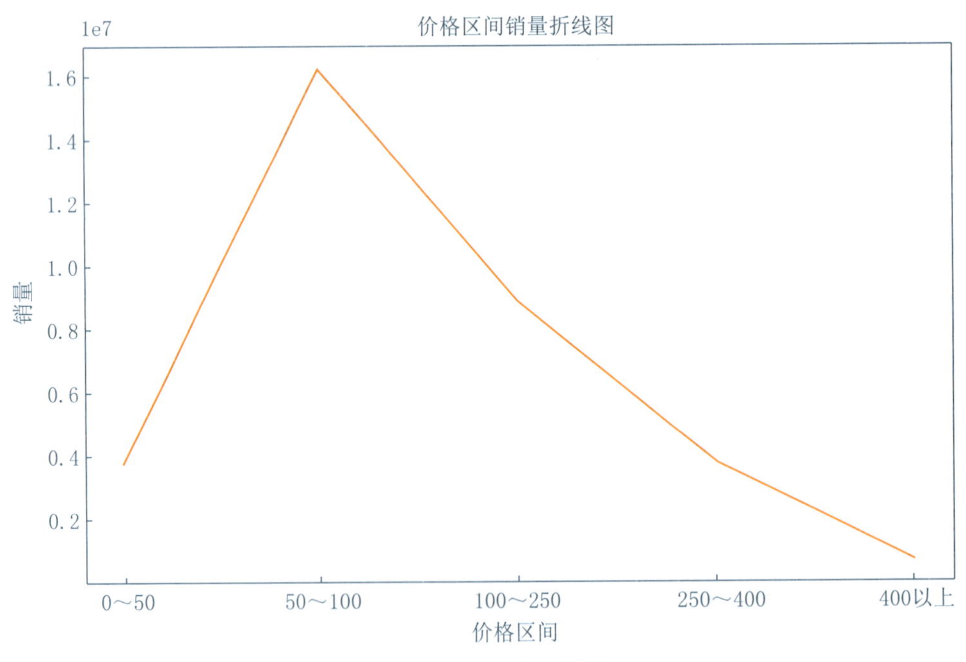

图 6-1　价格区间销量折线图

如果绘制折线图所用数据来自本地文件,可先导入 pandas 库读取文件,然后导入 matplotlib 库用于绘图。如果数据量较小,可以直接在代码中写入,则不需导入 pandas,

设定对应 x 轴或 y 轴内容即可，如：

x = ['福建', '广东', '贵州', '广西', '四川']

y = [1, 2, 3, 4, 5]

从图 6-1 可以看出，茶叶价格在 50～100 区间的最受消费者喜爱，并且随着价格的攀升，消费者的购买数量大幅度下降。

（二）散点图的绘制方法

同样针对销量进行分析，此处选取采摘地作为 x 轴指标用于绘图，意图分析各采摘地的茶叶销量情况。各采摘地的茶叶销量情况如表 6-3 所示。

表 6-3　各采摘地的茶叶销量

采摘地	销　量	采摘地	销　量
安徽	2 228 000	湖南	50 000
北京	12 000	江苏	243 000
波兰	100 000	山东	46 000
福建	11 295 550	四川	5 637 000
广东	2 712 000	台湾	1 000
广西	370 000	云南	1 084 001
贵州	219 000	浙江	2 131 500
河南	247 500		

注：采摘地中，除波兰为国家外，其余均为我国各省、直辖市，下同。

使用的代码及输出结果如[例 6-2]和图 6-2 所示：

[例 6-2]

代码

```
#导入 pandas、matplotlib 库
import pandas as pd
import matplotlib.pyplot as plt
#用来正常显示中文标签
plt.rcParams['font.sans-serif'] = ['SimHei']
#设置横纵轴数据
x =['安徽','北京','波兰','福建','广东','广西','贵州','河南',
    '湖南','江苏','山东','四川','台湾','云南','浙江']
y =[2228000, 12000, 100000, 11295550, 2712000, 370000, 219000, 247500,
    50000, 243000, 46000, 5637000, 1000, 1084001, 2131500]
#创建画布
fig = plt.figure()
#绘制散点图
plt.scatter(x, y)
#设置横、纵坐标轴标题
plt.xlabel('采摘地')
plt.ylabel('销量')
```

```
#设置图形标题
plt.title('采摘地销量散点图')
#展示图形
plt.show()
```

输出结果(图 6-2)

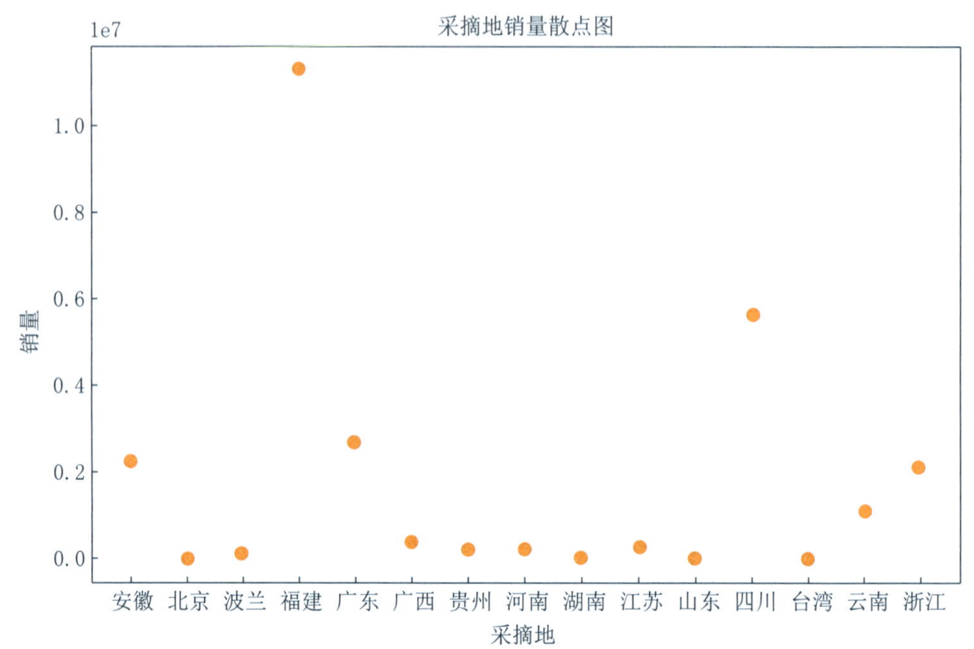

图 6-2 采摘地销量散点图

从图 6-2 可以看到，福建地区的茶叶销量最高，超过 1 000 万，四川地区的茶叶销量次之，为近 600 万。广东、安徽、浙江等地的茶叶销量接近，为 200 多万。

(三) 条形图的绘制方法

消费者在购买商品时，对商品的外部包装也有一定需求，因此商家也会根据使用场景不同对包装进行区分。例如，当该商品被用于亲朋好友间的礼物赠送，那么商品的外包装则会更加精美一些。小张采集到的电商茶叶数据表中就有“包装形式”这一指标，将茶叶分为纸包装、桶装、礼盒装、盒装、罐装、袋装六种类别。以“全部评价”数代替销量绘制条形图，具体数据如表 6-4 所示。

表 6-4 各包装形式销量表

包装形式	销　量
袋　装	1 617 500
罐　装	15 002 500
盒　装	6 081 500
礼盒装	9 746 000
桶　装	255 000
纸包装	850 000

使用的代码及输出结果如[例 6-3]和图 6-3 所示：

[例 6-3]

代码

```
# 导入 pandas、matplotlib 库
import pandas as pd
import matplotlib.pyplot as plt
# 用来正常显示中文标签
plt.rcParams['font.sans-serif'] = ['SimHei']
# 设置横纵轴数据
x = ['袋装','罐装','盒装','礼盒装','桶装','纸包装']
y = [1617500, 15002500, 6081500, 9746000, 255000, 850000]
# 创建画布
fig = plt.figure()
# 绘制条形图
plt.barh(x, y)
# 设置横纵轴标题
plt.xlabel('包装形式')
plt.ylabel('销量')
# 设置条形图标题
plt.title('包装形式条形图')
# 展示图形
plt.show()
```

输出结果(图 6-3)

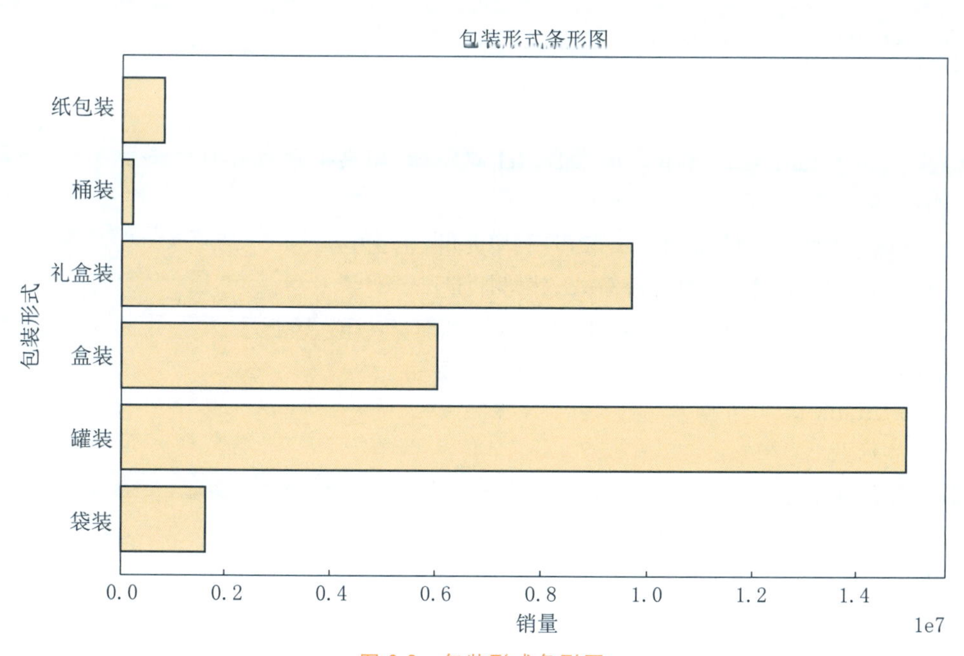

图 6-3 包装形式条形图

从图 6-3 可以看出，消费者会优先选购罐装与礼盒装的茶叶，购买人次均在 1 000 万以上，只有很少的消费者会选购桶装茶叶。

（四）柱状图的绘制方法

许多茶叶品牌都是从生产某些类型茶叶的特定地区采购茶叶的。例如，龙井是一种来自浙江杭州的著名绿茶。由于龙井茶的高品质和独特的风味，许多茶叶品牌商都从这一地区采购龙井茶。同样地，生产经营铁观音的茶商通常会选择在福建安溪——这一茶叶原产地进行采购，以确保茶叶质量和味道。此外，中国的一些茶叶品牌还有专门生产来自特定茶园或庄园的茶叶。

小张选择先从茶叶采摘地入手，以柱状图的形式呈现茶叶品牌对茶叶采摘地的选择与偏好。根据采集到的电商茶叶数据表进行汇总求和后的数据如表 6-5 所示：

表 6-5　采摘地品牌数量表

采摘地	数　量	采摘地	数　量
安徽	17	湖南	1
北京	3	江苏	5
波兰	1	山东	5
福建	151	四川	28
广东	18	台湾	1
广西	8	云南	19
贵州	7	浙江	46
河南	11		

使用 Python 编写绘制柱状图的代码及输出结果如[例 6-4]和图 6-4 所示。

[例 6-4]

代码

```
#导入 pandas、matplotlib 库
import pandas as pd
import matplotlib.pyplot as plt
plt.rcParams['font.sans-serif'] = ['SimHei']   #用来正常显示中文标签
#设置横纵轴数据
x =['安徽','北京','波兰','福建','广东','广西','贵州','河南',
    '湖南','江苏','山东','四川','台湾','云南','浙江']
y = [17, 3, 1, 151, 18, 8, 7, 11, 1, 5, 5, 28, 1, 19, 46]
#创建画布
fig = plt.figure()
#绘制柱形图
plt.bar(x, y)
#设置横纵轴标题
plt.xlabel('采摘地')
plt.ylabel('数量')
#设置图形标题
```

```
plt.title('采摘地品牌数量柱状图')
#展示图形
plt.show()
```

输出结果(图 6-4)

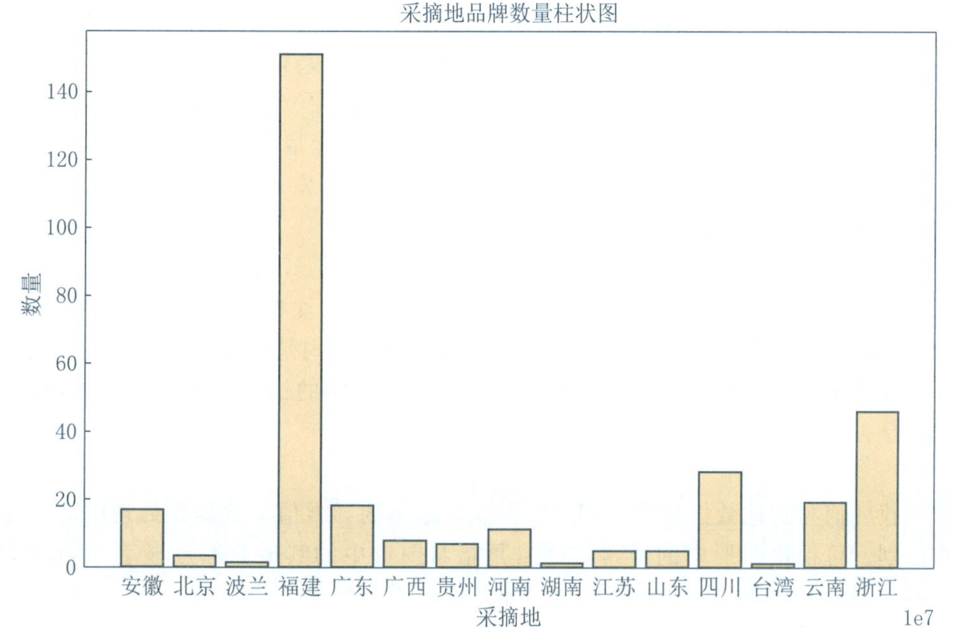

图 6-4 采摘地品牌数量柱状图

从图 6-4 可以看到,茶叶品牌商们大多会选择福建、浙江、四川等地的茶叶,这些地区是铁观音、岩茶、红茶、龙井、峨眉山茶等茶叶的主要产地。以四川为例,川茶主产区处在雪山和盆地交会处,昼夜温差大,这使川茶具备独特的甘冽香型。同时,川茶采摘比江浙产区提早 30 天,具备一定的市场优势。

二、图形内容的分析

在进行数据分析时,一方面,要学会将数据制作成图形,以方便别人解读;另一方面,要学会解读他人的图形或自己曾经制作的图形。解读图形的过程可分为以下几步。

(一) 理解数据

在解释可视化图表之前,对所呈现的数据有一个清晰的理解是很重要的。这包括了解数据的来源、所涵盖的时间段以及研究对象所处的环境等背景信息。例如,小张的研究对象是茶叶行业,并根据电商平台的销售数据绘制可视化图形。

(二) 确定图表信息

识别并确定数据可视化中的信息包括理解数据所测量的内容以及它是如何呈现的。可视化图表的标题和标签通常会提供关于所呈现图像的线索。寻找描述被测量数据的关键词,如时间、数量或类别。可视化图像的坐标轴通常被标记为被测量的变量,注意坐标轴使用的单位以及显示的数值范围。以图 6-1 价格区间销量折线图为例，该折线图的横轴为价格区间的类别，纵轴为销量，纵轴的单位刻度为 200 万，折线图的标题为“价格区间销量折线图”。于是可以确定该折线图是用来反映不同价格区间的销量，每增加一个单位的销量则意味着对应价格区间的销量增加了 200 万。

如果可视化包括图例，它可能提供关于被测量变量的附加信息。

（三）寻找模式和趋势

在分析图表时，寻找数据中的模式和趋势是很重要的。这可能涉及比较不同时间或不同变量之间的数据。分析时应该注意数据中的任何差异或变化，并试图了解其背后的原因。这可能涉及识别趋势的方向（上升、下降或持平）、趋势的斜率和数据的整体模式。分析者还可以寻找季节性、周期性模式和其他可能帮助他们预测未来结果的重复趋势。例如，小张绘制了价格区间销量折线图（图 6-1），发现当茶叶价格上升后，消费者购买量有明显减少的趋势。

小张如果想要进一步分析不同品牌茶叶的月销量数据，同样可将数据转换成折线图，以月份为横轴，销量为纵轴，不同品牌为图例。可以关注折线图中是否有上升、下降的趋势，并进一步探究引起数据变动的原因：在这段时间内是否有特定的产品或促销活动在推动销售？还可以将过去一年的销售数据与前几年的销售数据进行比较，看看这种趋势是否一致。

（四）考虑异常值

寻找任何与其他数据显著不同的数据点。这里的异常值与数据预处理中的异常值存在区别。可视化图形中的异常值通常是指与图形中的其他数据点显著不同的数据点。例如，如果销售数据突然激增，这可能是由于季节性促销或市场状况的变化。这些异常值可以提供对异常情况或事件的见解，在解释数据时应该考虑这些异常情况或事件。

（五）比较和对比

若可视化展示了多组数据，应寻找它们之间的相似点和不同点。这可能涉及比较一段时间内的趋势，或检查不同类别或组之间数据的差异。例如，小张可以分价格区间绘制品牌与销量的柱状图，分析不同价格区间内哪些品牌更受消费者青睐。通过比较同一品牌或不同品牌不同价格区间内的销售数据，初步确定消费者的消费倾向，为后续决策提供可靠依据。

（六）得出结论和见解

根据可视化中确定的模式和趋势，对所呈现的数据得出结论和见解。这些结论可能有助于指导决策或进一步的数据分析。

【探讨实践】

请使用采集到的电商茶叶销售数据绘制分价格区间的品牌与销量的柱状图，分析不同价格区间内哪些品牌更受消费者青睐。

【拓展训练】

小张觉得他绘制出来的图表比较简单，想知道使用这个数据集还可以绘制哪些不同的图表，请帮助小张。

任务三　图形调整与美化

【问题引入】

小张初步掌握了如何使用 matplotlib 进行数据可视化，但目前画出来的图形还不够美观，他想进一步学习如何使用 matplotlib 中的参数调整图像。同时，老师向他推荐了可以绘制出更美观图形的 pyecharts 库，小张准备在老师的指导下进行相关学习，并使用调查到的 A 公司近一周的销量数据绘制合适的可视化图形。

【认知实践】

一、图形调整

matplotlib 模块支持对图形样式，如坐标轴刻度、网格线、线形、颜色、标签样式等进行个性化设置，从而实现多样化效果。以下列举了部分子模块 pyplot 中可用于图像设置的函数，如表 6-6 所示。

表 6-6　pyplot 中的其他函数

函　　数	用　　途
plt.xlim()	设置 x 轴的数值显示范围
plt.ylim()	设置 y 轴的数值显示范围
plt.grid()	绘制刻度线的网格线
plt.axhline()	绘制平行于 x 轴额度水平参考线
xticks()	设置 x 轴刻度范围
yticks()	设置 y 轴刻度范围

微课视频：
图形调整

图形中的常见颜色参数值如表 6-7 所示，也可使用对应的英文或十六进制颜色代码表示，如“blue”(蓝色)、“pink”(粉色)、“#FFD700”(灰色)、“#FA8C35”(橙黄色)、“#B25D25”(棕色)。注意，使用十六进制颜色代码时，需在颜色代码前添加“#”。

表 6-7　常见颜色参数值

参数值	含义	参数值	含　义
'b'	蓝色	'm'	品红色
'g'	绿色	'y'	黄　色
'r'	红色	'k'	黑　色
'c'	青色	'w'	白　色

不同图形的样式参数略有差别，在此以折线图和柱形图为例。其他图形的参数设置可参考 matplotlib 官方文档。

(一) 折线图

在绘制图 6-1 价格区间销量折线图时，使用的语句为"plt.plot(x, y)"，其语法格式如下：

```
plt.plot(x, y, linewidth, linestyle, color, label, marker, alpha, ...)
```

参数 x，y 分别表示 x 轴与 y 轴的数据，其他参数如果没有额外说明则均使用默认值，参数的含义如下：

linewidth：用于设置线型宽度，也可写作 lw。

linestyle：用于设置线型样式，也可写作 ls，默认为实线。线型样式参数值如表 6-8 所示。

表 6-8　线型样式参数值

参数值	含　义
'—'	实　线
'— —'	虚　线
'—.'	点断线
':'	点状线

color：用于设置线型颜色，常用颜色可如表 6-7 所示。

label：用于设置线型标签，例如，在绘制图 6-1 时，可添加"label＝销量"，意在该折线表示销量。

marker：用于设置标记点的样式，常见标记点样式如表 6-9 所示。

alpha：用于设置线型透明度，取值范围为 0～1，数值越大则线条透明度越低。

表 6-9　常见标记点样式

参数值	含　义
O	圆形标记
V	倒三角标记
^	正三角标记
<	左三角标记
>	右三角标记
*	星形标记
+	加号标记

此处将[例 6-1]进行调整，修改线型为虚线，修改线型颜色为红色，修改标记为圆形并添加网格线；使用的代码及输出结果如[例 6-5]和图 6-5 所示。

[例 6-5]

代码

```
# 导入 pandas、matplotlib 库
import pandas as pd
import matplotlib.pyplot as plt
# 用来正常显示中文标签
plt.rcParams['font.sans-serif'] = ['SimHei']
# 设置横纵轴数据
x = ['0~50', '50~100', '100~250', '250~400', '400 以上']
y = [3785500, 16217551, 8959500, 3843000, 797000]
# 创建画布
fig = plt.figure()
# 绘制折线图
plt.plot(x, y, ls='--', color='r', marker='o', alpha=0.8)
# 设置横纵轴标题
plt.xlabel('价格区间')
plt.ylabel('销量')
# 绘制网格
plt.grid()
# 设置图形标题
plt.title('价格区间销量折线图')
# 展示图形
plt.show()
```

输出结果(图 6-5)

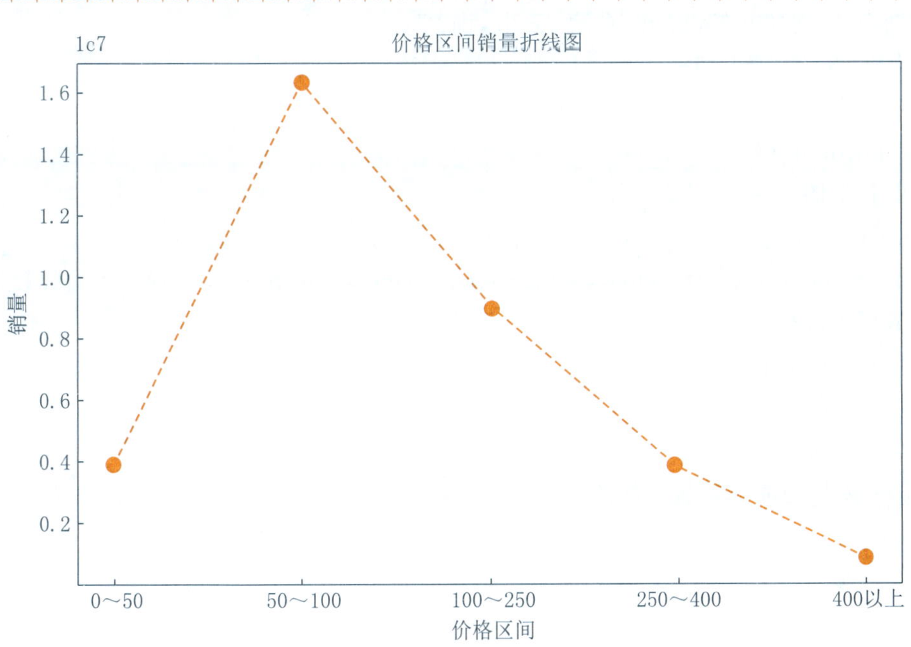

图 6-5　调整后的折线图

（二）柱形图

在绘制图 6-4 采摘地品牌数量柱状图时，使用的语句为“plt.bar(x, y)”，其语法格式如下：

plt.bar(x, y, facecolor, edgecolor, width, label, alpha, ...)

参数 x，y 分别表示 x 轴与 y 轴的数据，其他参数如果没有额外说明则均使用默认值，参数的含义如下：

facecolor：用于设置柱形条的颜色，与折线图中的“color”类似。

edgecolor：用于设置柱形条边框的颜色，与折线图中的“color”类似。

width：设置柱形条的宽度，默认值为 0.8。

label：设置柱形条的标签。

alpha：设置柱形条的透明度，取值范围为 0～1，数值越大则柱形条的透明度越低。

在图 6-4 采摘地品牌数量柱状图的基础上调整柱形条颜色为粉色，柱形条边框为黑色，柱形条宽度为 0.5，柱形图标签为“品牌数量”并显示图例；使用的代码及输出结果如[例 6-6]和图 6-6 所示。

[例 6-6]

代码

```
import pandas as pd
import matplotlib.pyplot as plt
# 用来正常显示中文标签
plt.rcParams['font.sans-serif'] = ['SimHei']
#设置横纵轴数据
x =['安徽','北京','波兰','福建','广东','广西','贵州','河南',
    '湖南','江苏','山东','四川','台湾','云南','浙江']
y = [17, 3, 1, 151, 18, 8, 7, 11, 1, 5, 5, 28, 1, 19, 46]
#创建画布
fig = plt.figure()
#绘制柱形图
#plt.bar(x, y)
plt.bar(x, y, facecolor='pink', edgecolor='black', width= 0.5, label='品牌数量')
#设置横纵轴标题
plt.xlabel('采摘地')
plt.ylabel('数量')
#设置图形标题
plt.title('采摘地品牌数量柱状图')
plt.legend()
#展示图形
plt.show()
```

输出结果

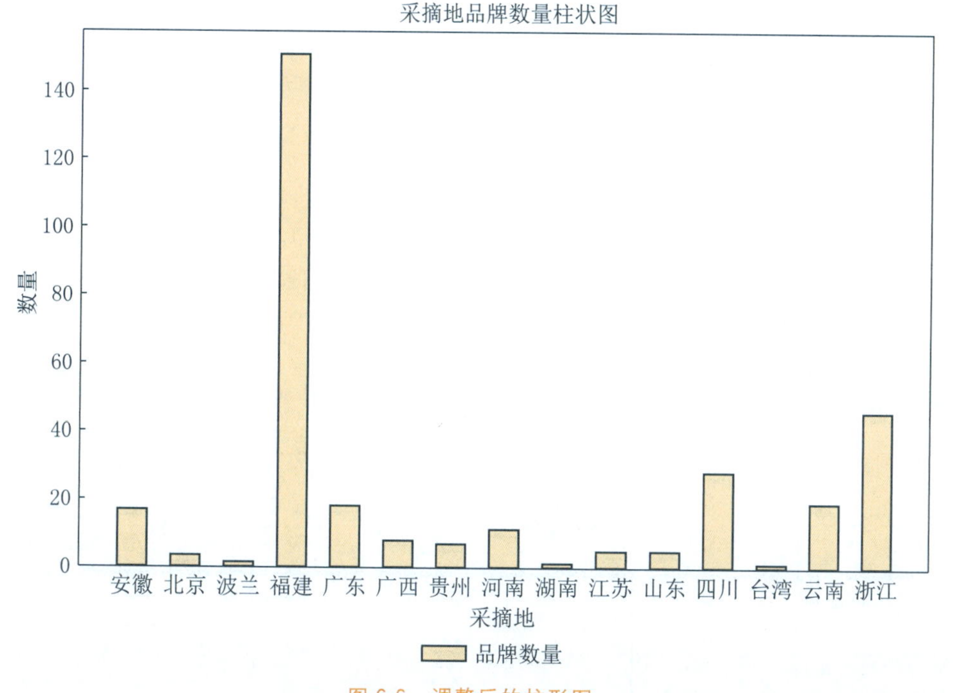

图 6-6 调整后的柱形图

调整后的图对图形的线型、颜色、标签等样式的设置是为了实现图形的个性化展示。但数据可视化的目的仍是更好地展示数据分析的结果，绘制图表的基本要求为简洁、易读、易用。复杂花哨的图表不一定是最佳选择。

二、图形美化

(一) pyecharts 介绍

Python 中除了 matplotlib 之外还有其他可用于数据可视化的第三方库，如 pyecharts。

pyecharts 是一个开源的 Python 库，用于创建交互式可视化和图表。pyecharts 可生成各种图表和图形，如条形图、折线图、散点图、热力图等。

matplotlib 和 pyecharts 都是用于创建可视化和图表的 Python 库，但它们在功能、易用性和可以创建的图表类型方面有一些差异。matplotlib 可用于创建高度自定义的可视化效果，但它需要更多代码来生成复杂的图表，通常用于生成静态可视化的图形。pyecharts 生成可以嵌入到 Web 应用程序中的交互式图表，是快速轻松地创建动态和交互式图表的不错选择，但 pyecharts 不支持数组作图，即只能使用列表、元组等 Python 原生数据类型。

使用 pyecharts 绘制图形，首先需要安装 pyecharts 库。可以通过在 command 命令窗口下运行“pip install pyecharts”命令来执行此操作，或者直接在开发环境中安装，具体安装方式见附录。安装成功后即可使用 pyecharts 绘制图形，此处以不同价格分组的销量数据为例绘制柱形图，使用的代码及输出结果如[例 6-7]和图 6-7 所示。

[例 6-7]

代码

```
#从 pyecharts.charts 中导入柱形图类，并实例化一个柱形图对象
from pyecharts.charts import Bar
bar = Bar()
#添加 x 轴与 y 轴数据
bar.add_xaxis(["0～50", "50～100", "100～250", "250～400", "400 以上"])
bar.add_yaxis("茶叶销量", [3785500, 16217551, 8959500, 3843000, 797000])
#使用 render()会生成本地 HTML 文件，默认会在当前目录生成 render.html 文件
#也可以设置文件的路径与文件名，如此处的 bar.render("条形图.html")
bar.render("条形图.html")
```

输出结果（图 6-7）

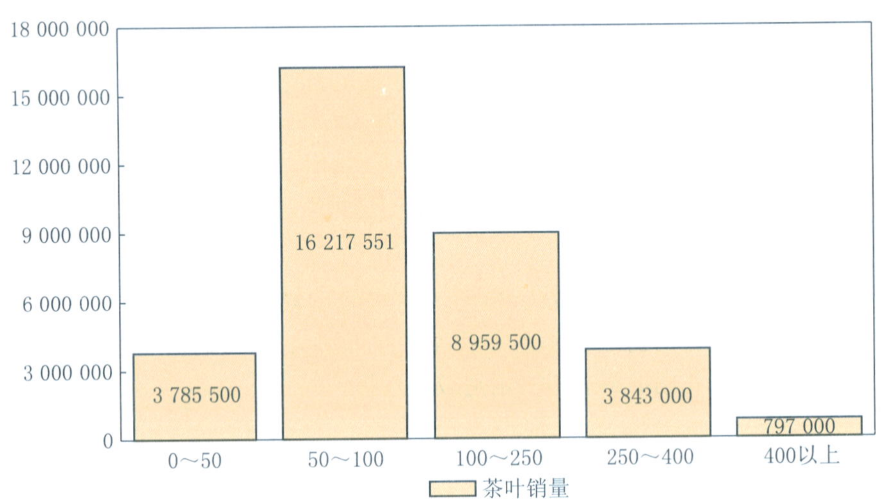

图 6-7 不同价格区间的茶叶销量柱形图

由例 6-7 可知，绘制图形前需导入相关模块，pyecharts 库中的常见图表类型如表 6-10 所示。

表 6-10 pyecharts 图表类型

图表类别	说明	图表类别	说明
Bar	柱形图	Tree	树图
Bar3D	3D 柱形图	Map	地图
Line	折线图	HeatMap	热力图
Pie	饼图	Gauge	仪表盘
Scatter	散点图	Candlesticks	K 线图
Radar	雷达图	Polar	极坐标图

(二) 样式设置

pyecharts 中的 options 子模块可以实现图标样式的各种配置，根据配置内容不同，配置项可以分为全局配置项和局部配置项，并遵循“先配置后使用”的原则。

1. 全局配置项

全局配置项，是针对图表通用属性进行配置的，包括初始化配置项、标题配置项、图例配置项、提示框配置项、区域缩放配置、视觉映射配置项等，每个配置项都对应一个类。部分配置项的示例如图 6-8 所示。

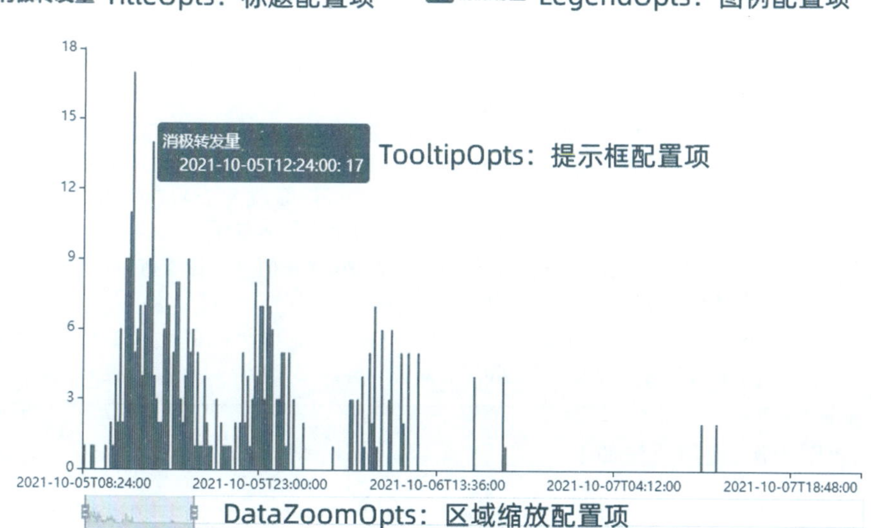

图 6-8 部分配置项

(1) InitOpts 初始配置项。

初始配置项主要用于设置图表画布的大小、图标主题等，可设置的部分参数如表 6-11 所示。

表 6-11 InitOpts( )初始配置项部分参数

参 数	说 明
width	图标画布宽度
height	图表画布高度
chart_id	图表 ID，图表唯一标识，用于在多图表时区分
page_title	网页标题
theme	图表主题
bg_color	图表背景颜色

以饼图为例，使用语法如下：

```
Pie(init_opts = opts.InitOpts(width, height, chart_id, page_title, theme))
```

(2) TitleOpts 标题配置项。

标题配置项主要用于设置图表的标题文本、标题位置等，其部分参数如表 6-12 所示。

表 6-12　TitleOpts( )标题配置项部分参数

参　数	说　　明
is_show	是否显示标题组件
title	主标题文本，支持使用\n 换行
subtitle	副标题文本，支持使用\n 换行
pos_left	title 组件所在的区域被称为容器，该参数可调整 title 组件离容器左侧的距离。该参数的值可以是像 20 这样的具体像素值，可以是像“20%”这样相对于容器高宽的百分比，还可以是“left”(左对齐)，“center”(居中对齐)，“right”(右对齐)。如果该参数的值为“left”(左对齐)，“center”(居中对齐)，“right”(右对齐)，组件会根据相应的位置自动对齐
pos_right	title 组件离容器右侧的距离。可以是像 20 这样的具体像素值，可以是像“20%”这样相对于容器高宽的百分比
pos_top	title 组件离容器上侧的距离。可以是像 20 这样的具体像素值，可以是像“20%”这样相对于容器高宽的百分比，也可以是“top”(顶端对齐)，“middle”(垂直居中)，“bottom”(底端对齐)。该参数的值为“top”(顶端对齐)，“middle”(垂直居中)，“bottom”(底端对齐)，组件会根据相应的位置自动对齐
pos_bottom	title 组件离容器下侧的距离。可以是像 20 这样的具体像素值，可以是像“20%”这样相对于容器高宽的百分比
text_align	整体(包括主标题和副标题)的水平对齐。可选值:“auto”(自动)、“left”(左对齐)，“center”(居中对齐)，“right”(右对齐)

以饼图为例，使用语法如下：

```
Pie().set_global_opts(title_opts = opts.TitleOpts(is_show, title, subtitle,...))
```

(3) LegendOpts 图例配置项。

图例配置项主要用于设置图例是否显示、图例位置等，可设置的部分参数如表 6-13 所示。

表 6-13　LegendOpts( )图例配置项部分参数

参　数	说　　明
is_show	是否显示图例
pos_left	含义与标题配置项中的同名参数相同，设置方法相同
pos_right	含义与标题配置项中的同名参数相同，设置方法相同
pos_top	含义与标题配置项中的同名参数相同，设置方法相同
pos_bottom	含义与标题配置项中的同名参数相同，设置方法相同
orient	图例列表的布局朝向。可选:“horizontal”，“vertical”
align	图例标记和文本的对齐，默认自动(auto)。根据组件的位置和朝向(orient)决定。当组件的 left 值为“right” 以及纵向布局(orient 为 “vertical”)的时候为右对齐，即为 “right”。# 可选参数：“auto”(自动)，“left”(左对齐)，“right”(右对齐)
padding	图例内边距，单位 px，默认各方向内边距为 5
item_gap	图例每项之间的间隔。横向布局时为水平间隔，纵向布局时为纵向间隔，默认间隔为 10
item_width	图例标记的图形宽度。默认宽度为 25
item_height	图例标记的图形高度。默认高度为 14

以饼图为例，使用语法如下：

```
Pie().set_global_opts(legend_opts = opts.LegendOpts(is_show, pos_top,...))
```

(4) ToolboxOpts 工具箱配置项。

工具箱配置项主要用于设置工具箱是否显示、工具箱位置等，其可设置的部分参数如表 6-14 所示。

表 6-14　ToolboxOpts()工具箱配置项部分参数

参　数	说　　明
is_show	是否显示工具栏组件
pos_left	含义与标题配置项中的同名参数相同，设置方法相同
pos_right	含义与标题配置项中的同名参数相同，设置方法相同
pos_top	含义与标题配置项中的同名参数相同，设置方法相同
pos_bottom	含义与标题配置项中的同名参数相同，设置方法相同
orient	工具栏 icon 的布局朝向。可选："horizontal"(水平)，"vertical"(垂直)

以饼图为例，使用语法如下：

```
Pie().set_global_opts(toolbox_opts = opts.ToolboxOpts(is_show, pos_top,...))
```

(5) TooltipOpts 提示框配置项。

提示框配置项主要用于设置提示框是否显示、触发条件等，其可设置的部分参数如表 6-15 所示。

表 6-15　TooltipOpts()提示框配置项部分参数

参　数	说　　明
is_show	是否显示提示框组件
trigger	触发类型。可选：①"item"(项目)：数据项图形触发，主要在散点图，饼图等无类目轴的图表中使用。②"axis"(轴)：坐标轴触发，主要在柱状图，折线图等会使用类目轴的图表中使用。③"none"(无)：什么都不触发
trigger_on	提示框触发的条件。可选：①"mousemove"(鼠标移动)：鼠标移动时触发。②"click"(点击)：鼠标点击时触发。③"mousemove|click"(鼠标移动|点击)：同时鼠标移动和点击时触发。④"none"(无)：不在鼠标移动或点击时触发

以饼图为例，使用语法如下：

```
Pie().set_global_opts(tooltip_opts = opts.TooltipOpts(is_show, trigger,...))
```

2. 系列设置项

系列配置项，是针对图表特定元素属性的配置项，包括标签配置项、标记点配置项等。系列配置项通过 set_series_opts()方法设置，每个配置项都对应一个类。

(1) LabelOpts 标签配置项。

标签配置项主要用于设置是否显示图表标签，以及设置的标签字体、字号、颜色等，部分可设置的参数如表 6-16 所示。

表 6-16 LabelOpts( )标签配置项部分参数

参数	说明
is_show	是否显示标签
position	标签的位置。可选“top”(顶部),“left”(左),“right”(右),“bottom”(底端),“inside”(内部),“insideLeft”(内部靠左),“insideRight”(内部靠右),“insideTop”(内部靠上),“insideBottom”(内部靠下),“insideTopLeft”(内部顶端靠左),“insideBottomLeft”(内部底端靠左)“insideTopRight”(内部顶端靠右),“insideBottomRight”(内部底端靠右)
color	文字的颜色。如果设置为“auto”(自动),则为视觉映射得到的颜色,如系列色
distance	距离图形元素的距离。当 position(标签位置)为字符描述值(如“top”(顶部)、“insideRight”(内部靠右))时候有效
font_size	文字的字体大小
font_style	文字字体的风格。可选:“normal”(普通),“italic”(斜体),“oblique”(斜体)
font_weight	文字字体的粗细。可选:“normal”(正常粗细),“bold”(粗体),“bolder”(更粗的字体),“lighter”(更细的字体)
horizontal_align	文字水平对齐方式,默认自动。可选:“left”(左对齐),“center”(居中对齐),“right”(右对齐)
vertical_align	文字垂直对齐方式,默认自动。可选:“top”(顶端对齐),“middle”(垂直居中),“bottom”(底端对齐)

'italic'(斜体),'oblique'(斜体)都是让字体具有倾斜的效果,italic 是字体自带的斜体属性,oblique 是使字体向右倾斜。但并不是所有字体都具有斜体的样式,对于那些没有斜体样式的字体来说,使用 italic 是无效的,此时可用 oblique 代替 italic 来实现字体倾斜的效果。

以折线图为例,使用语法如下:

```
Line().set_series_opts(label_opts = opts.LabelOpts(is_show, position,...))
```

(2) LineStyleOpts 线样式配置项。

线样式配置项主要用于设置线型,可设置的部分参数如表 6-17 所示。

表 6-17 LineStyleOpts 线样式配置项部分参数

参数	说明
is_show	是否显示
width	线宽
opacity	图形透明度。支持从 0 到 1 的数字,为 0 时不绘制该图形
type_	线的类型。可选:“solid”(实线),“dashed”(虚线),“dotted”(点线)
color	线的颜色。颜色可以使用 RGB 表示,比如“rgb(128, 128, 128)”,也可以使用十六进制格式,比如“#FFFFFF”。除了纯色之外颜色也支持渐变色和纹理填充

以饼图为例,使用语法如下:

```
Line().set_series_opts(linestyle_opts = opts.LineStyleOpts(is_show, width,...))
```

(3) MarkerPointsOpts 标记点配置项。

标记点配置项主要用于设置标记点数据项，可设置的部分参数如表 6-18 所示。

表 6-18 MarkerPointsOpts( )标记点配置项部分参数

参 数	说 明
data	标记点数据
symbol	标记的图形
symbol_size	标记的大小，可以设置成如“10”这样单一的数字，也可以用数组分开表示宽和高，例如：[20，10]，表示标记宽为 20，高为 10

以折线图为例，使用语法如下：

```
Line().set_series_opts(markpoint_opts = opts.MarkPointOpts(data= [opts.MarkPointItem()]))
```

全局配置项与系列配置项均还有其他可设定的参数，详细内容请参考 pyecharts 官网。

现根据小张获取 A 公司电商平台的近一周销量数据(表 6-19)绘制折线图。

表 6-19 A 公司电商平台的近一周销量数据表

时间	星期一	星期二	星期三	星期四	星期五	星期六	星期天
销量	120	200	150	80	70	110	130

使用代码和输出结果如[例 6-8]和图 6-9 所示。

[例 6-8]

代码

```
#导入需要的库
from pyecharts.charts import Line
from pyecharts import options as opts
#创建一个折线图对象，名为 line_chart
line_chart = Line()
#添加 x 轴和 y 轴数据
x_axis_data = ['星期一', '星期二', '星期三', '星期四', '星期五', '星期六', '星期天']
y_axis_data = [120, 200, 150, 80, 70, 110, 130]
#向图表中添加数据
line_chart.add_xaxis(x_axis_data)
line_chart.add_yaxis('销量', y_axis_data)
#设置图表标题和轴标签
line_chart.set_global_opts(title_opts=opts.TitleOpts(title='过去一周的销量'),
xaxis_opts=opts.AxisOpts(name='时间'),
yaxis_opts=opts.AxisOpts(name='销量'))
#设置线宽为 2
```

```
line_chart.set_series_opts(linestyle_opts = opts.LineStyleOpts(width = 2))
#绘制图表并保存为折线图.html
line_chart.render("折线图.html")
```

输出结果(图 6-9)

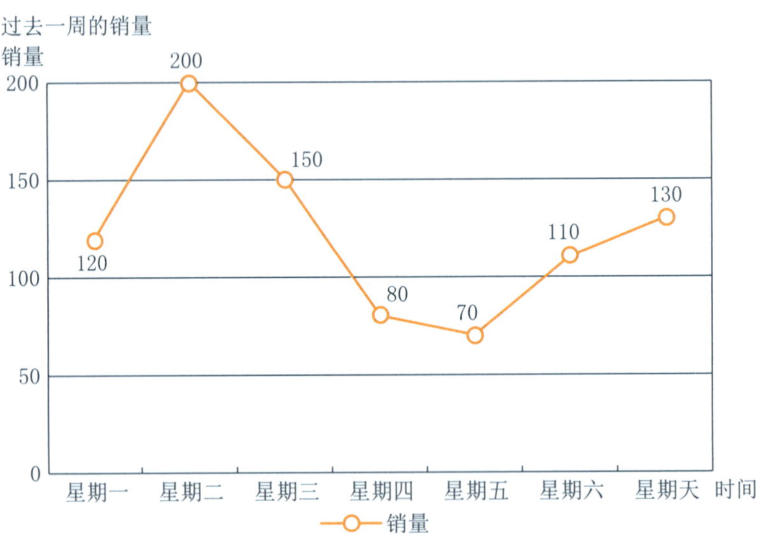

图 6-9 近一周销量折线图

根据图 6-9 可以发现,星期五的销量在过去一周中最低为 70,而星期二的销量最高为 200,过去一周中大多数天数的销量在 100 到 150 之间波动。

3. 图表配置项

除了全局配置项和系列配置项之外,对不同类型的图表也可进行个性化设置。例如,在绘制饼图的过程中可以设定饼图的半径、饼图的重心坐标等,可设置的部分参数如表 6-20 所示。

表 6-20 饼图图表配置项的部分参数

参数	说明
color	系列标签颜色
radius	饼图的半径,数组的第一项是内半径,第二项是外半径
center	饼图的中心(圆心)坐标,数组的第一项是横坐标,第二项是纵坐标
rosetype	是否展示成南丁格尔图,通过半径区分数据大小,有"radius"和"area"两种模式,radius:扇区圆心角展现数据的百分比,半径展现数据的大小;area:所有扇区圆心角相同,仅通过半径展现数据大小
is_clockwise	饼图的扇区是否是顺时针排布,True 为顺时针,False 则为逆时针

现根据各包装形式的销量数据使用 pyecharts 绘制饼图,使用的代码及输出结果如[例 6-9]和图 6-10 所示。

[例 6-9]

代码

```
#导入需要的库
```

```
from pyecharts.charts import Pie
from pyecharts import options as opts
#创建一个饼图对象,名为 pie
pie = Pie()
#以列表的形式写入数据
data = [('袋装',1617500), ('罐装',15002500), ('盒装',6081500), ('礼盒装',9746000),
('桶装',255000), ('纸包装',850000)]
#设置生成的页面名称
pie = Pie(init_opts = opts.InitOpts(page_title = "包装形式占比图"))
#设置饼图的数据系列为销量,饼图的半径为总表图半径的 30%和 60%,即创建一个圆环,展示成南丁格尔图,图表将按逆时针方向绘制
pie.add('销量',data,radius = ['30%','60%'], rosetype = 'radius', is_clockwise = False)
#设置饼图标题为包装形式占比图并显示图例
pie.set_global_opts(title_opts = opts.TitleOpts(title= '包装形式占比图'),
legend_opts=opts.LegendOpts(is_show=True))
#绘制图表并保存为饼图.html
pie.render("包装形式占比图.html")
```

输出结果(图 6-10)

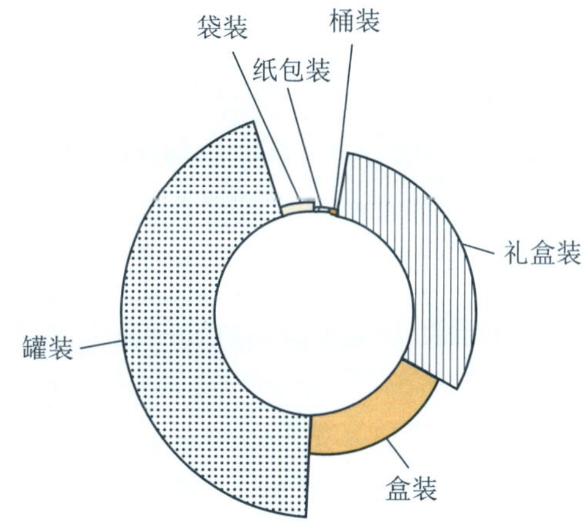

图 6-10 包装形式占比饼图

【探讨实践】

请同学们对比图 6-3 与图 6-10 的不同,并向小张提出选择的建议。

【拓展训练】

请根据 pyecharts 官网中的示例，学习如何绘制柱状图，并使用电商茶叶数据绘制一个柱状图。

项目七
市场分析工程实践案例

学习目标

● 能力目标

1. 掌握运用网络爬虫采集数据，并对脏数据进行清洗；
2. 掌握对数据进行统计分析与可视化分析的方法；
3. 了解相关模型的建立与求解；
4. 能够独立完成数据分析报告。

● 素养目标

1. 养成敏锐洞察数据与处理数据的能力；
2. 养成数据分析思维，用数据客观看待市场，把握市场方向。

知识图谱

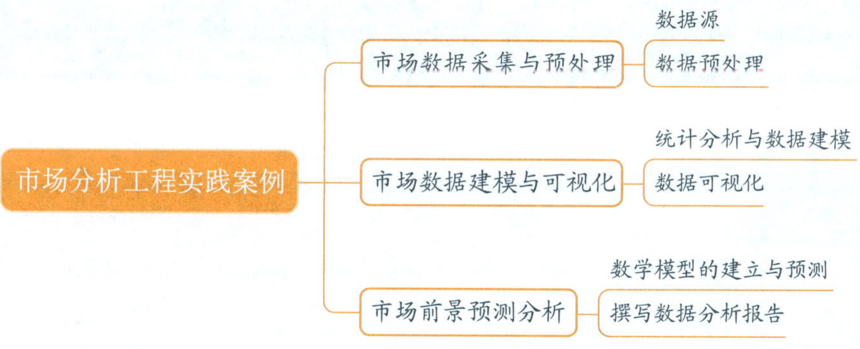

项目背景

小张平时喜欢饮茶，经常联想到目前的茶叶市场规模，经过 Python 的初步学习后，计划做一期市场分析并对市场前景进行合理预测，于是在市场中选取了上市茶企业 A 公司作为研究对象，对相关数据进行采集、分析与建模，对所学知识加以实际运用。

任务一　市场数据采集与预处理

【问题引入】

选取合适的数据网站采集 A 公司的财务指标，并对数据进行预处理，用于后续更加深入的分析挖掘等。通过查找资料，小张确定了合适的网站，准备利用已学的网络爬虫技术进行数据抓取，并利用 Python 第三方库 pandas、numpy 对数据进行初步清洗。

之后，小张又通过年报与查找资料，获取 A 公司 2018 年的财务数据与 2018 年至 2022 年的销量数据，通过读取 Excel 数据与初步清洗数据进行合并预处理。

【认知实践】

一、数据源

项目所使用数据均来自网络爬虫与广州福思特科技有限公司开发的“大数据技术应用基础课程实训平台”所提供的数据文档，如图 7-1 所示。

操作录屏：市场分析工程实践案例——数据采集与预处理

图 7-1　平台数据

其中，A 企业经营情况数据集为爬虫所爬取的目标页面，通过 requests 进行访问，用 xpath 方式进行解析，链接为 http://1.13.252.233:8082/fstmicd/index.aspx?pintkey=ODI=，数据情况如图 7-2 所示。

东方财富　天天基金网　Choice数据　登录 | App下载 | 微信

东方财富网 eastmoney.com | 新三板　输入股票代码、名称或简拼　搜索

首页　资讯　行情　数据　机构

股票速览

公司资料：公司介绍　公司高管　主营业务

股本股东：股本结构　股东研究

财务分析：财务指标　财务摘要　资产负债表　利润表　现金流量表

市场行情：每日交易统计　个股阶段表现

A企业 > 公司财务 > 利润表

利润表

按报告期　按年度

	2022年年报	2021年年报	2020年年报	2019年年报
公司类型	通用	通用	通用	通用
一、营业总收入(元)	**66221705.00**	**62754161.38**	**61737901.51**	**61233263.12**
营业收入(元)	66221705.00	62754161.38	61737901.51	61233263.12
利息收入(元)	0.00	0.00	0.00	0.00
已赚保费(元)	0.00	0.00	0.00	0.00
手续费及佣金收入(元)	0.00	0.00	0.00	0.00
其他业务收入(元)	0.00	0.00	0.00	0.00
营业总收入其他项目(元)	0.00	0.00	0.00	0.00
二、营业总成本(元)	**65342752.83**	**55896309.43**	**56781844.24**	**57905992.52**
营业成本(元)	53116132.88	46073266.35	46116708.44	48094083.16
利息支出(元)	0.00	0.00	0.00	0.00
手续费及佣金支出(元)	0.00	0.00	0.00	0.00
研发费用(元)	387228.63	388580.20	238526.63	250208.35
退保金(元)	0.00	0.00	0.00	0.00
赔付支出净额(元)	0.00	0.00	0.00	0.00

图 7-2　爬虫网页

A 公司 2018 年财务数据、A 公司 2018—2022 年销量数据均为 Excel 文件，通过读取后直接使用，数据如图 7-3 和图 7-4 所示。

指标	金额（元）
营业总收入	71579264
营业利润	889767
营业总成本	71125447
营业成本	59983805
研发费用	310378
营业税金及附加	701270
销售费用	2109392
管理费用	6358785
财务费用	538658
资产减值损失	1433537

图 7-3　2018 年财务数据（节选）

年份	销量（吨）
2018年	895
2019年	965
2020年	1184
2021年	1072
2022年	1328

图 7-4　2018—2022 年销量数据

(一) Http 请求头

请求头由关键字/值对组成，每行一对，关键字和值用英文冒号“:”分隔，请求头通知服务器有关于客户端请求的信息，典型的请求头有：

User-Agent：产生请求的浏览器类型。

Accept：客户端可识别的内容类型列表。

Host：请求的主机名，允许多个域名同处一个 IP 地址，即虚拟主机。

爬虫中请求头的作用是在网站使用反爬机制之后，可以在程序中添加请求头来实现反反爬，达到伪装成浏览器的目的，从而实现反爬机制。以需要爬取的网页为例，通过查看页面源代码（快捷键 F12），点击选项卡中的“网络选项”，找到对应选项，根据需要的请求图数据进行复制，如图 7-5 所示。

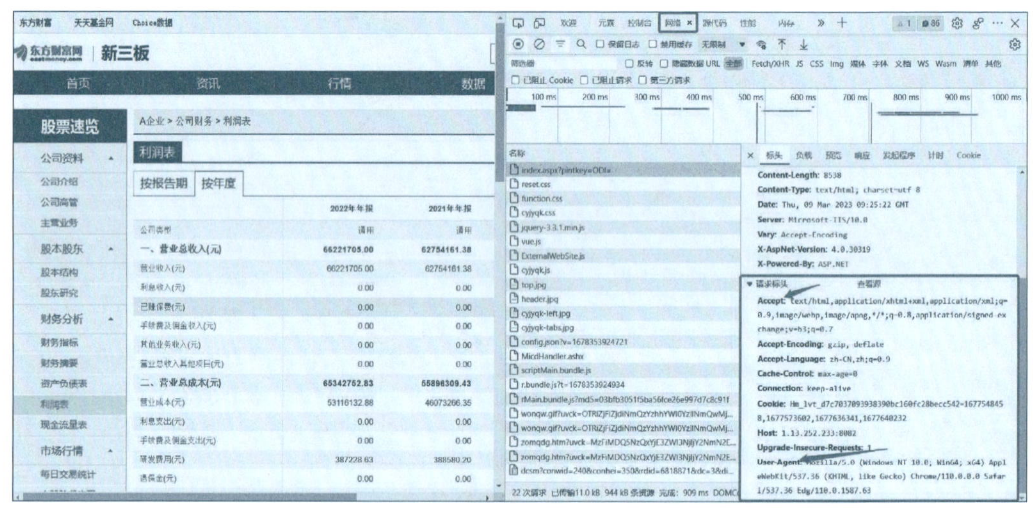

图 7-5 网页请求图

(二) 市场数据采集示例

1. 导入第三方库

提前安装好第三方库，在数据采集前进行导入，使用代码如下：

```
import requests
from lxml import etree
import pandas as pd
```

2. 数据抓取

设置请求头，访问需要采集数据的网页进行数据抓取，使用代码如[例 7-1]所示。

[例 7-1]

代码

```
# 输入网址与请求头并访问
url = 'http://1.13.252.233:8082/fstmicd/index.aspx?pintkey=ODI='
headers={'User-Agent':'Mozilla/5.0 (Windows NT 10.0; Win64; x64) AppleWebKit/
537.36
```

```
(KHTML, like Gecko) Chrome/110.0.0.0 Safari/537.36 Edg/110.0.1587.57',
'Accept':'text/html, application/xhtml+xml, application/xml; q=0.9, image/webp, image/apng, */*; q=0.8, application/signed-exchange; v=b3; q=0.7'}
rsp = requests.get(url=url, headers=headers)
# 解析字符串格式的 HTML 文档对象,将传进去的字符串转变成 Element 对象。
tree = etree.HTML(rsp.text)
# 使用 xpath 方法进行解析
tr_tags=tree.xpath('/html/body/form/div[3]/div[2]/div[2]/div[2]/div[3]/table/tr'
)
# 将需要抓取的数据进行解析并存入列表
datalist = []
for td in tr_tags:
    t1 = td.xpath('./th/text()')
    t2 = td.xpath('./td/text()')
    datalist.append(t1)
    datalist.append(t2)
```

3. 数据存储

对采集的数据进行提取,在样本缺失值处添加“年份”字样,并储存在 csv 中供后续使用,完成数据采集工作的代码及输出结果如[例 7-2]和图 7-6 所示。

[例 7-2]

代码

```
# 删除所抓取数据中的空列表
list_save = [d for d in datalist if d != []]
# 利用切片将类似“2020 年年报”字样修改为“2020 年”
i = 0
for l in list_save[0]:
    list_save[0][i] = l[0:5]
    i+=1
# 插入“年份”字样,打印数据
list_save[0].insert(0,'年份')
# 将采集的数据转化为 dataframe,并以第一个列表作为列名
df = pd.DataFrame(list_save, columns = list_save[0])
# 存入 csv
df.to_csv('C:/下载/原始数据.csv')
```

输出结果(图 7-6)

	年份	2022年	2021年	2020年	2019年
0	年份	2022年	2021年	2020年	2019年
1	公司类型	通用	通用	通用	通用
2	一、营业总收入(元)	66221705	62754161.38	61737901.51	61233263.12
3	营业收入(元)	66221705	62754161.38	61737901.51	61233263.12
4	利息收入(元)	0	0	0	0
5	已赚保费(元)	0	0	0	0
6	手续费及佣金收入(元)	0	0	0	0
7	其他业务收入(元)	0	0	0	0
8	营业总收入其他项目(元)	0	0	0	0
9	二、营业总成本(元)	65342752.83	55896309.43	56781844.24	57905992.52
10	营业成本(元)	53116132.88	46073266.35	46116708.44	48094083.16
11	利息支出(元)	0	0	0	0
12	手续费及佣金支出(元)	0	0	0	0
13	研发费用(元)	387228.63	388580.2	238526.63	250208.35
14	退保金(元)	0	0	0	0
15	赔付支出净额(元)	0	0	0	0
16	提取保险合同准备金净额(元)	0	0	0	0
17	保单红利支出(元)	0	0	0	0
18	分保费用(元)	0	0	0	0
19	其他业务成本(元)	0	0	0	0
20	营业税金及附加(元)	806801.36	1266469.1	1255973.74	1207779.55
21	销售费用(元)	4018156.05	2392793.83	2806925.84	2233976.37
22	管理费用(元)	5783104.64	5474431.44	5561176.39	5167717.04
23	财务费用(元)	1231329.27	300768.51	802533.2	512026.84
24	资产减值损失(元)	0	0	0	440201.21
25	营业总成本其他项目(元)	0	0	0	0
26	加:公允价值变动收益(元)	0	0	0	0
27	投资收益(元)	0	0	0	0
28	其中:对联营企业和合营企业的投资收益(	0	0	0	0
29	汇兑收益(元)	0	0	0	0
30	营业利润其他项目(元)	0	0	0	0
31	营业利润平衡项目(元)	0	0	0	0
32	三、营业利润(元)	12516137.85	12105182.95	6196367.14	7544814.11
33	加:营业外收入(元)	43118.99	1020000	4130	513016.77
34	其中:非流动资产处置利得(元)	0	0	0	0
35	减:营业外支出(元)	73755.1	80020.57	17493.25	21492.19
36	其中:非流动资产处置净损失(元)	0	0	0	0
37	加:影响利润总额的其他项目(元)	0	0	0	0
38	利润总额平衡项目(元)	0	0	0	0
39	四、利润总额(元)	12485501.74	13045162.38	6183003.89	8036338.69
40	减:所得税费用(元)	2007901.61	2260499.35	950413.7	1200228.73
41	加:影响净利润的其他项目(元)	0	0	0	0
42	未确认投资损失(元)	0	0	0	0
43	五、净利润(元)	10477600.13	10784663.03	5232590.19	6836109.96
44	其中:被合并方在合并前实现利润(元)	0	0	1939696.91	0
45	归属于母公司股东的净利润(元)	10477600.13	10784663.03	5232590.19	6836109.96
46	少数股东损益(元)	0	0	0	0
47	扣除非经常性损益后的净利润(元)	516550.43	4475556.77	4617269.44	2832287.91
48	净利润其他项目(元)	0	0	0	0
49	净利润差额(合计平衡项目)	0	0	0	0
50	六、每股收益				
51	(一)基本每股收益(元)	0.09	0.08	0.04	0.05
52	(二)稀释每股收益(元)	0	0	0.04	0.05
53	七、其他综合收益(元)	0	0	0	0
54	归属于母公司股东的其他综合收益(元)	0	0	0	0
55	归属于少数股东的其他综合收益(元)	0	0	0	0
56	八、综合收益总额(元)	10477600.13	10784663.03	5232590.19	6836109.96
57	归属于母公司所有者的综合收益总额(元)	0	10784663.03	5232590.19	6836109.96
58	归属于少数股东的综合收益总额(元)	0	0	0	0
59	公告日期	2023/4/28	2022/4/27	2021/4/23	2020/4/22

图 7-6 爬虫所得数据

二、数据预处理

(一) 导入第三方库

导入第三方库时使用代码如下：

```
import pandas as pd
import numpy as np
```

(二) 成本数据预处理

读取已存储的数据集，按索引及列名获取新的数据集，同时重命名索引，代码及输出结果如[例 7-3]和图 7-7 所示。

[例 7-3]

代码

```
# 读取数据
df = pd.read_csv('C:/下载/原始数据.csv')
# 按行索引取特定行
df0 = df.iloc[[10, 13, 20, 21, 22, 23, 24]]
# 按列名取特定列(剔除第一列)
df1 = df0[['2022年','2021年','2020年','2019年']]
# 给行索引重命名
df1.index = ['营业成本(元)', '研发费用(元)', '税金及附加(元)', '销售费用(元)','管理费用(元)','财务费用(元)','资产减值损失(元)']
# 由于采集的数据是字符串形式，所以需要数据类型，最后加入 2018 年数据合并
# 将字符串转化为数值类型
df1[['2022年','2021年','2020年','2019年']] = df1[['2022年','2021年','2020年','2019年']].apply(pd.to_numeric)
# 将所需数据转化为整型并赋值给一个新的数据集
df_cost = df1[['2022年','2021年','2020年','2019年']].astype('int')
# 读取 excel 文件中的数据并将指定列数据转化为列表
df_2018 = pd.read_excel('C:/下载/2018年A企业财报数据(节选).xlsx')
data_2018 = df_2018['金额(元)'].tolist()
# 用切片提取列表中所需数据，插入到 df_cost 数据集合并
data_cost_2018 = data_2018[3:]
df_cost.insert(loc=len(df_cost.columns), column='2018年', value = data_cost_2018)
# 存入 csv
df_cost.to_csv('C:/下载/成本数据.csv')
```

输出结果(图 7-7)

	2022年	2021年	2020年	2019年	2018年
营业成本（元）	53116132	46073266	46116708	48094083	59983805
研发费用（元）	387228	388580	238526	250208	310378
税金及附加（元）	806801	1266469	1255973	1207779	701270
销售费用（元）	4018156	2392793	2806925	2233976	2109392
管理费用（元）	5783104	5474431	5561176	5167717	6358785
财务费用（元）	1231329	300768	802533	512026	538658
资产减值损失（元）	0	0	0	440201	1433537

图 7-7　成本数据集

（三）其他财务指标预处理

类似地，取出数据集中需要的行与列，重命名索引与数据格式转换，代码及输出结果如[例 7-4]和图 7-8 所示。

[例 7-4]

代码

```
# 根据索引提取特定数据，并重命名行索引
df2 = df.iloc[[2, 9, 21, 32]][['2022 年','2021 年','2020 年','2019 年']]
df2.index = ['营业总收入(元)', '营业总成本(元)', '销售费用(元)', '营业利润(元)']
# 数据类型转换
df2[['2022 年','2021 年','2020 年','2019 年']] = df2[['2022 年','2021 年','2020 年',
'2019 年']].apply(pd.to_numeric)
df3 = df2[['2022 年','2021 年','2020 年','2019 年']].astype('int')
# 之后加入 2018 年财务指标，并合并销量数据，形成最终的数据集
# 提取 2018 年财务指标
data_2018_else = [data_2018[0], data_2018[2], data_2018[6], data_2018[1]]
# 读取近五年销量数据表，指定列数据转化为列表
df_sale = pd.read_excel('C:/下载/2018—2022 年销量数据(按年份).xlsx')
data_sale = df_sale['销量(吨)'].tolist()
# 反转数据列表
data_sale.reverse()
# 合并财务数据
df3.insert(loc=len(df3.columns), column='2018 年',value = data_2018_else)
# 加入提取的销量数据
df4 = pd.DataFrame(np.insert(df3.values, len(df3.index), values=data_sale, axis=0))
# 重命名索引
df4.columns = df3.columns
df4.index = ['营业总收入(元)', '营业总成本(元)', '销售费用(元)', '营业利润(元)','销
量(吨)']
# 转置并存入 csv
df_final = df4.T
df_final.to_csv('C:/下载/财务数据.csv')
```

输出结果(图 7-8)

	营业总收入（元）	营业总成本（元）	销售费用（元）	营业利润（元）	销量（吨）
2022年	66221705	65342752	4018156	12516137	1328
2021年	62754161	55896309	2392793	12105182	1072
2020年	61737901	56781844	2806925	6196367	1184
2019年	61233263	57905992	2233976	7544814	965
2018年	71579264	71125447	2109392	889767	895

图 7-8　财务数据集

【探讨实践】

小张在读取 excel 数据后，直接将数据插入原始数据集来合并数据，通过思考与学习，他认为也可以通过合并数据集的方式来合并数据，尝试通过 pd.merge()和 pd.concat()方式进行数据合并形成需要的数据集。

【拓展训练】

小张在编写网络爬虫代码时，通过 xpath 进行解析后进行数据爬取，返回的对象都是空列表，即爬取不到所需数据。他写的代码如下，请你指出运行结果总是返回空列表的原因，应如何改正？

代码

```
import requests
from lxml import etree
# 输入网址与请求头并访问
url = 'http://1.13.252.233:8082/fstmicd/index.aspx?pintkey=ODI='
headers={'User-Agent':'Mozilla/5.0 (Windows NT 10.0; Win64; x64) AppleWebKit/537.36 (KHTML, like Gecko) Chrome/110.0.0.0 Safari/537.36 Edg/110.0.1587.57',
'Accept': 'text/html, application/xhtml+xml, application/xml; q=0.9, image/webp, image/apng, */*;q=0.8, application/signed-exchange; v=b3; q=0.7'}
rsp = requests.get(url=url, headers=headers)
# 解析字符串格式的 HTML 文档对象，将传进去的字符串转变成 Element 对象
tree = etree.HTML(rsp.text)
# 使用 xpath 方法进行解析
tr_tags = tree.xpath('/html/body/form/div[3]/div[2]/div[2]/div[2]/div[3]/table/tbody/tr')
print(tr_tags)
```

任务二　市场数据建模与可视化

【问题引入】

小张将采集的样本数据进行清洗后，还想对茶叶的销量变化进行研究，于是从企业每年在销售上的投入着手，研究销量是如何被企业策略所影响的，再通过数据可视化的方式直观描述成本、收入等指标的关系，进一步了解市场情况。

【认知实践】

一、统计分析与数据建模

（一）pandas 库常用统计分析函数

pandas 模块为用户提供了非常多的描述性统计分析的指标函数，如总和、均值、最小值、最大值等，如表 7-1 所示。

表 7-1　统计分析函数

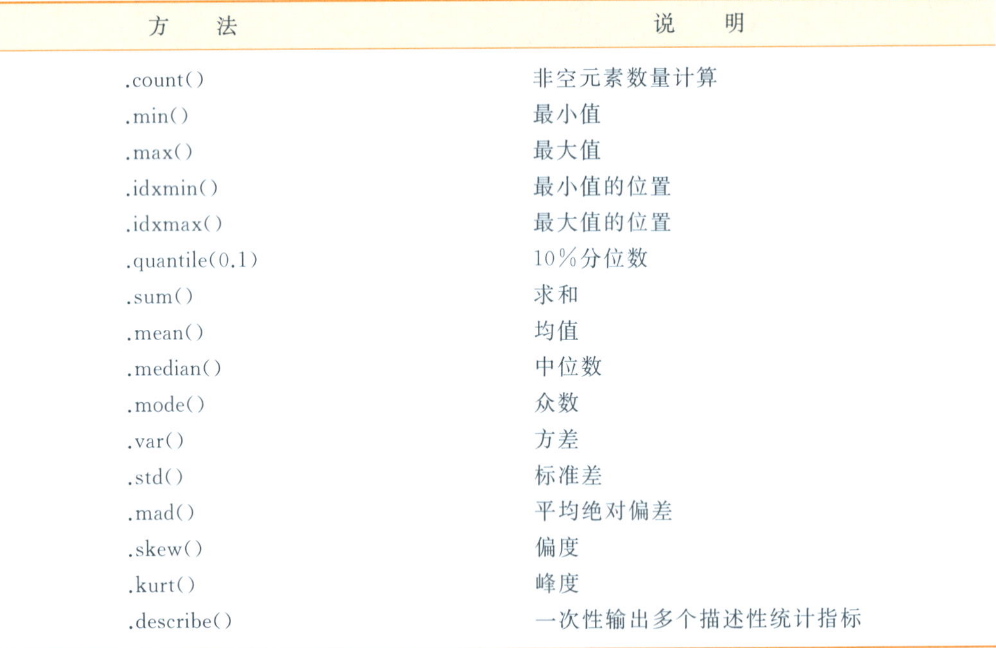

方　法	说　明
.count()	非空元素数量计算
.min()	最小值
.max()	最大值
.idxmin()	最小值的位置
.idxmax()	最大值的位置
.quantile(0.1)	10%分位数
.sum()	求和
.mean()	均值
.median()	中位数
.mode()	众数
.var()	方差
.std()	标准差
.mad()	平均绝对偏差
.skew()	偏度
.kurt()	峰度
.describe()	一次性输出多个描述性统计指标

操作录屏：市场分析工程实践案例——数据建模与可视化

（二）Seaborn 库

seaborn 是基于 matplotlib 的数据集分布可视化库，在 matplotlib 的基础上进行了更高级的封装，从而使得绘图更加容易；不需要经过大量的调整，就能使图像变得精致，同时还能高度兼容 numpy 与 pandas 数据结构以及 scipy 与 statsmodels 等统计模式。

代码如下：

```
import numpy as np
import pandas as pd
import seaborn as sns
import matplotlib.pyplot as plt
from scipy import stats, integrate
```

多数 seaborn 图表具有统计学含义，如分布、关系、统计、回归等，绘图接口也更加集成，可以通过少量的参数设置实现大量封装绘图，常用参数如表 7-2 所示。

表 7-2　seaborn 相关参数

参　数	说　　明
x, y, hue	数据集变量(变量名)
data	数据集
row, col	更多分类变量进行平铺显示(变量名)
col_wrap	每行的最高平铺数
estimator	在每个分类中进行矢量到标量的映射
ci	置信区间
n_boot	计算置信区间时使用的引导迭代次数
units	采样单元的标识符，用于执行多级引导和重复测量设计
Order, row_order	对应排序列表
hue_order, col_order	字符串列表
kind	图像类型，其中 point 为默认，bar 为柱形图，count 为频次，box 为箱线图，violin 为提琴图，strip 为散点图，swarm 为分散点
size	每个面的高度
aspect	纵横比
orient	方向
color	颜色
palette	调色板
legend	是否展示 hue 的信息面板
legend_out	是否扩展图形，并将信息框绘制在中心右边
share{x, y}	是否共享轴线

(三) 统计分析

对经过清洗的数据做统计分析，并将结果输出为数据集，代码及输出结果如[例 7-5]、图 7-9 和图 7-10 所示。

[例 7-5]

代码

```
import pandas as pd
# 导入数据
```

```
df_final = pd.read_csv('C:/下载/财务数据.csv',index_col=0)
df_cost = pd.read_csv('C:/下载/成本数据.csv',index_col=0)
# 定义函数,输入数据集即可输出统计分析结果
def status(x) :
    return pd.DataFrame([x.count(), x.min(), x.idxmin(), x.quantile(.25),
                         x.median(), x.quantile(.75), x.mean(), x.max(), x.
                         idxmax(), x.mad(), x.var(), x.std(), x.skew(), x.kurt
                         ()], index = ['总数','最小值','最小值位置','25%分位数','中
                         位数','75%分位数','均值','最大值','最大值位置','平均绝对偏
                         差','方差','标准差','偏度','峰度'])
# 输出不同数据集统计分析结果
des_final = status(df_final)
des_cost = status(df_cost.T)
print(des_final)
print(des_cost)
```

输出结果(图 7-9 和图 7-10)

	营业总收入(元)	营业总成本(元)	销售费用(元)	营业利润(元)	销量(吨)
总数	5	5	5	5	5
最小值	61233263	55896309	2109392	889767	895
最小值位置	2019年	2021年	2018年	2018年	2018年
25%分位数	61737901	56781844	2233976	6196367	965
中位数	62754161	57905992	2392793	7544814	1072
75%分位数	66221705	65342752	2806925	12105182	1184
均值	64705258.8	61410468.8	2712248.4	7850453.4	1088.8
最大值	71579264	71125447	4018156	12516137	1328
最大值位置	2018年	2018年	2022年	2022年	2022年
平均绝对偏差	3356180.56	5458904.56	560233.68	3568164.88	133.76
方差	18554576585181.20	43488784018081.70	602147599634.30	22787972833902.30	29861.70
标准差	4307502.36	6594602.643	775981.7006	4773674.982	172.8053819
偏度	1.318377768	0.970282187	1.664715238	−0.625177382	0.433443805
峰度	0.987708012	−0.940484463	2.698537844	−0.401695337	−0.988981821

图 7-9 财务数据统计分析结果

	营业成本(元)	研发费用(元)	税金及附加(元)	销售费用(元)	管理费用(元)	财务费用(元)	资产减值损失(元)
总数	5	5	5	5	5	5	5
最小值	46073266	238526	701270	2109392	5167717	300768	0
最小值位置	2021年	2020年	2018年	2018年	2019年	2021年	2022年
25%分位数	46116708	250208	806801	2233976	5474431	512026	0
中位数	48094083	310378	1207779	2392793	5561176	538658	0
75%分位数	53116132	387228	1255973	2806925	5783104	802533	440201
均值	50676798.8	314984	1047658.4	2712248.4	5669042.6	677062.8	374747.6
最大值	59983805	388580	1266469	4018156	6358785	1231329	1433537
最大值位置	2018年	2021年	2021年	2022年	2018年	2022年	2018年
平均绝对偏差	4698535.76	58336	234898.32	560233.68	321521.52	271894.56	449697.12
方差	35307018528987.70	5174634482.00	73727217144.80	602147599634.30	197397704198.30	127736150518.70	386656608060.30
标准差	5941970.93	71934.93228	271527.5624	775981.7006	444294.6142	357401.9453	621817.1822
偏度	1.213651912	0.06360798	−0.664219266	1.664715238	0.926437271	1.020585213	1.783848508
峰度	0.487704191	−2.941662739	−2.804126198	2.698537844	1.342711972	0.870239867	3.002300077

图 7-10 成本数据统计分析结果

输出结果为数据集,这里为了方便展示将数据保存为本地图片,可以较直观地观察统计分析结果。

(四) 数据建模

1. 模型确定与数据选取

要研究销售费用对销量的影响，即两种变量间相互依赖的定量关系，可以选择一元线性回归模型，将销量数据作为因变量 y，销售费用则作为自变量 x 进行建模。

将所需数据从已清洗的数据集中取出，同时将销售费用单位转化为万元，得到新的数据集，代码如[例 7-6]所示。

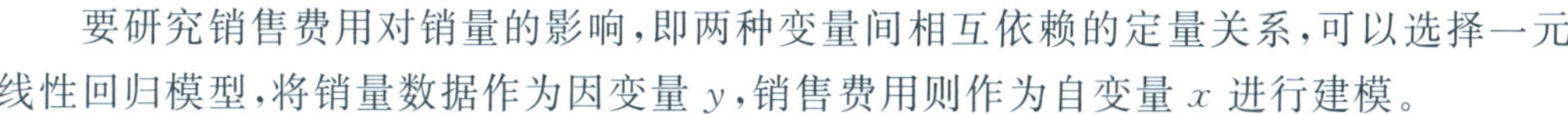

[例 7-6]

代码

```
import pandas as pd
# 导入数据集
df_final = pd.read_csv('C:/下载/财务数据.csv', index_col=0)
# 根据列名提取数据赋予新数据集
data_regress = df_final[['销售费用(元)','销量(吨)']]
# 单位转换
data_regress['销售费用(元)'] = data_regress['销售费用(元)']/10000
data_regress = data_regress.rename(columns={'销售费用(元)':'销售费用(万元)'})
```

2. 模型建立

一元线性回归模型也被称为简单线性回归模型，模型中只含有一个自变量和一个因变量，数学公式如下：

$$y=a+bx+\varepsilon$$

式中，a 为模型的截距项，b 为模型的斜率项，ε 为模型的误差项。

a 和 b 统称为回归系数，误差项的存在主要是为了平衡等号两边的值，通常被称为模型无法解释的部分。

通过 Scaborn，画出样本对应散点并绘制一元线性拟合图像，代码及输出结果如[例 7-7]和图 7-11 所示。

[例 7-7]

代码

```
# 导包
import matplotlib.pyplot as plt
import seaborn as sns
# 设置字体样式
plt.rcParams['font.family'] = ['Arial Unicode MS', 'Microsoft Yahei', 'SimHei',
'sans-serif']
# 解决 matplotlib 无法显示中文和负号的问题
plt.rcParams['axes.unicode_minus'] = False
# 指定数据集绘制回归图像,置信区间为 0.95,纵横比 1.5,参数可调整
sns.lmplot(x='销售费用(万元)',y='销量(吨)', data = data_regress,ci = 0.95,aspect
= 1.5)
```

```
# 图像展示
plt.show()
```

输出结果(图 7-11)

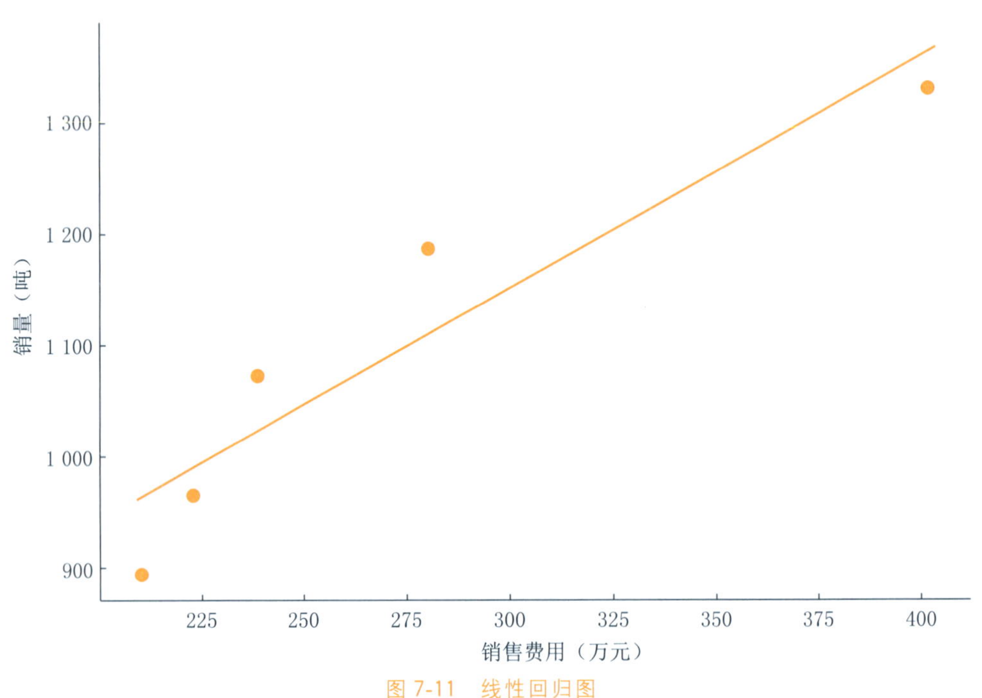

图 7-11　线性回归图

在图 7-12 中,圆点代表样本数据,斜线是关于散点的线性回归拟合线。如果拟合线能够精确地捕捉到每一个点(即所有散点全部落在拟合线上),对应的误差项应该为 0。所以,模型拟合得越好,误差项相应地越小,进而可以理解为:求解参数便是求解误差平方和最小的问题(误差项可能为负)。

3. 模型求解

将模型的数学公式进行移项后计算,得到误差平方和公式为:

$$F(a,b)=\sum_{i=1}^{n}\varepsilon^2$$
$$=\sum_{i=1}^{n}(y_i-[a+bx_i])^2$$

要使误差即改目标函数最小,最终可以得到参数解:

$$\begin{cases}a=\bar{y}-b\bar{x}\\ b=\dfrac{n\sum_{i=1}^{n}x_iy_i-\sum_{i=1}^{n}x_i\sum_{i=1}^{n}y_i}{n\sum_{i=1}^{n}x_i^2-(\sum_{i=1}^{n}x_i)^2}\end{cases}$$

利用 Python 将数据集代入,得到最终结果,解出参数值,代码及输出结果如[例 7-8]所示。

[例 7-8]

代码

```
# 点数
n = data_regress.shape[0]
# 销售费用求和
sum_x = data_regress['销售费用(万元)'].sum()
# 销量求和
sum_y = data_regress['销量(吨)'].sum()
# 销售费用平方和
sum_x2 = data_regress['销售费用(万元)'].pow(2).sum()
# 销售费用与销量乘积
xy = data_regress['销售费用(万元)'] * data_regress['销量(吨)']
# 销售费用与销量乘积再求和
sum_xy = xy.sum()
# 根据公式计算参数
b = (n * sum_xy - sum_x * sum_y) / (n * sum_x2 - sum_x ** 2)
a = data_regress['销量(吨)'].mean() - b * data_regress['销售费用(万元)'].mean()
# 输出结果
print('截距 a 的值为:',a)
print('斜率 b 的值为:',b)
```

输出结果

```
截距 a 的值为: 522.6140828346515
斜率 b 的值为: 2.0875149826444677
```

二、数据可视化

(一) 财务指标分析

绘制组合图(图 7-13)对比企业的收入与利润和成本的关系,代码及输出结果如[例 7-9]和图 7-12 所示。

[例 7-9]

代码

```
# 导包与格式调整
import matplotlib.pyplot as plt
import pandas as pd
import numpy as np
plt.rcParams['font.family'] = ['SimHei']
plt.rcParams['axes.unicode_minus'] = False
# 导入数据
df_final = pd.read_csv('C:/下载/财务数据.csv', index_col=0)
df_cost = pd.read_csv('C:/下载/成本数据.csv', index_col=0)
```

```
# 按时间顺序排列财务数据
df_final=df_final. sort_index()
# 图像自变量与因变量赋值与命名
x = np.array(df_final.index)
y1 = np.array(df_final['营业总成本(元)'])
y2 = np.array(df_final['营业总收入(元)'])
y3 = np.array(df_final['营业利润(元)'])
#构建宽度为16像素,高度为8像素的画布
plt.figure(figsize=(16, 8))
# 画布分为一行两列,在第一列绘制图形
plt.subplot(121)
# 绘制柱形图
plt.bar(x, y1, color = 'skyblue', label = '营业总成本')
# 绘制折线图
plt.plot(x, y2, color = 'r', linestyle = 'solid', linewidth =1.5, marker = 'o', markersize = 3, label = '营业总收入')
# 设置标题
plt.title('总成本与总收入组合图',loc='center')
# 加入文本标签
for j, k in zip(x, y1):
    plt.text(j, k, k, ha='center', va='top', fontsize = 10)
for j, k in zip(x, y2):
    plt.text(j, k, k, ha='center', va='bottom', fontsize = 10)
# 显示图例
plt.legend()
# 在一行两列画布的第二列绘制图形
plt.subplot(122)
# 绘制柱形图
plt.bar(x, y1, color = 'skyblue', label = '营业总成本')
# 绘制折线图
plt.plot(x, y3, color = 'r', linestyle = 'solid', linewidth =1.5, marker = 'o', markersize = 3, label = '营业利润')
# 设置标题与文本标签
plt.title('总成本与利润组合图',loc='center')
for j, k in zip(x, y1):
    plt.text(j, k, k, ha='center', va='bottom', fontsize = 10)
for j, k in zip(x, y3):
    plt.text(j, k, k, ha='center', va='bottom', fontsize = 10)
# 显示图例
plt.legend()
```

```
# 展示
plt.show()
```

输出结果(图 7-12)

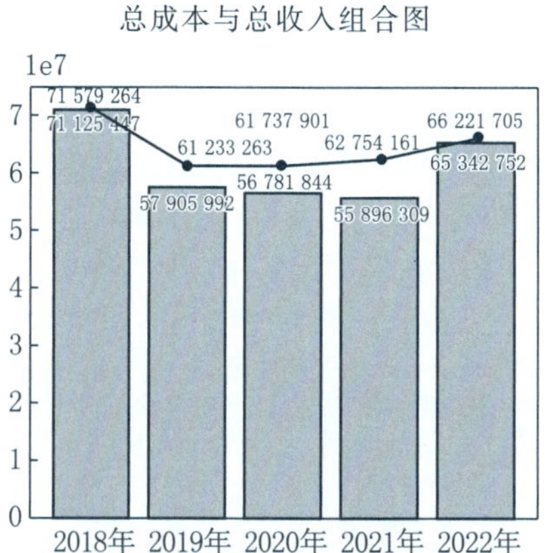

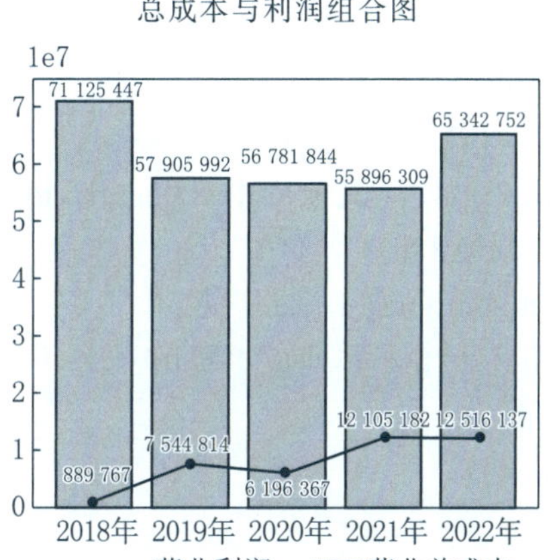

图 7-12　组合图

在图 7-12 组合中，左图是总成本的柱状图与总收入的折线图组成的组合图，右边为总成本的柱状图和利润额折线图组成的组合图，放在一起对比可以更直观地分别反映它们之间的数量关系，也可以观察到随着年份变化各项数据指标的变化趋势。

(二) 成本数据分析

从数据可以直观看出，在营业总成本中，营业成本占了大部分，将其剔除后，通过绘制饼图探究每一年其他成本的占比，代码及输出结果如[例 7-10]和图 7-13 所示。

[例 7-10]

代码

```
# 定义绘制饼图的函数，以便多次使用时调用，避免代码重复编写
def draw_pie(x):
    labels = [str(i) for i in np.array(x.index)]
    sizes = [i for i in np.array(x) ]
    plt.pie(sizes, labels=labels, autopct='%1.2f%%', shadow=True)
# 提取要绘制图像的数据
df_pie = df_cost.iloc[list(range(1, 7))]
# 构建画布
plt.figure(figsize=(16, 10))
# 调用定义的函数，画布划分为 2 行 3 列，在指定位置绘图
plt.subplot(231)
draw_pie(df_pie['2018 年'])
plt.title('2018 年其他成本费用占比',fontsize=15)
```

```
plt.subplot(232)
draw_pie(df_pie['2019 年'])
plt.title('2019 年其他成本费用占比',fontsize=15)
plt.subplot(233)
draw_pie(df_pie['2020 年'])
plt.title('2020 年其他成本费用占比',fontsize=15)
plt.subplot(234)
draw_pie(df_pie['2021 年'])
plt.title('2021 年其他成本费用占比',fontsize=15)
plt.subplot(235)
draw_pie(df_pie['2022 年'])
plt.title('2022 年其他成本费用占比',fontsize=15)
# 展示
plt.show()
```

输出结果(图 7-13)

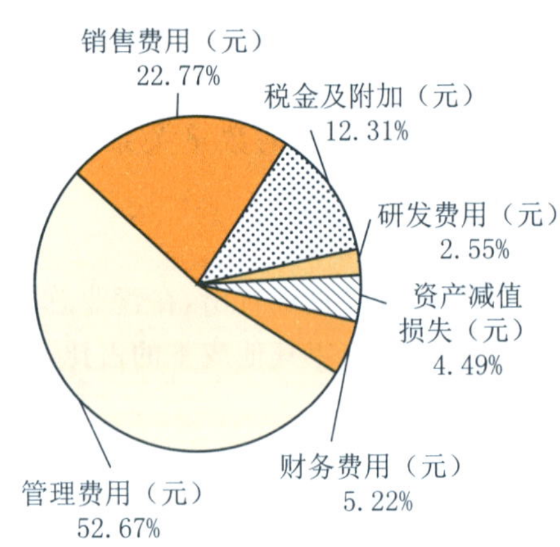

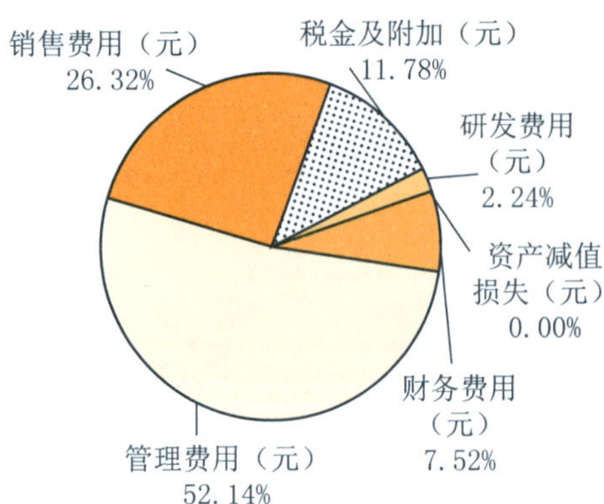

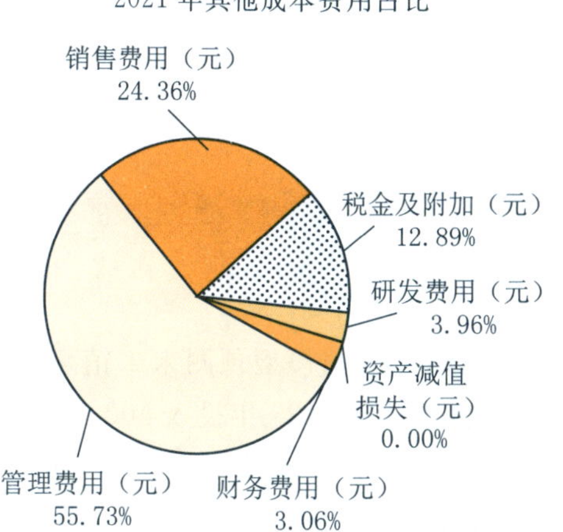

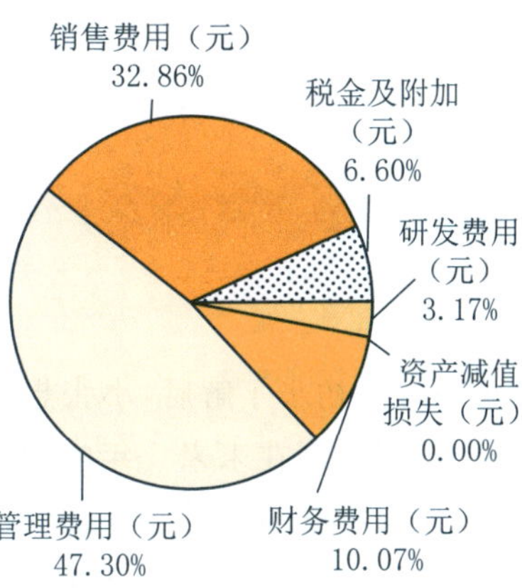

图 7-13　饼图

图 7-13 为 2018 年到 2022 年该企业的其他成本费用占比明细，饼图可以直观地反映各项支出的费用占比，也可以对比五张饼图了解到该企业各项支出占比随年份的变化。

【探讨实践】

小张还想将营业总收入与营业利润的折线图进行组合，绘制在同一个图像中，应该如何绘制？

【拓展训练】

小张想一次性输出描述性统计的结果，编写了以下程序，却无法运行得到结果，请指出其中的错误并改正。

代码

```
import pandas as pd
df_final = pd.read_csv('C:/下载/财务数据.csv',index_col=0)
des_final = pd.describe(df_final)
print(des_final)
```

任务三　市场前景预测分析

【问题引入】

对市场有了初步了解后，小张想通过建立的线性回归模型预测未来销量数据。经过了解，A 公司计划在未来 5 年内增加销售费用，预计在 2023 年投入 400 万元，并逐年增加 30 万元。小张通过已掌握的数据和模型，进一步预测未来 5 年 A 公司的销量变化。最后，对以上工作进行汇总分析，总结市场情况。

操作录屏：市场分析工程实践案例——市场前景预测

【认知实践】

一、数学模型的建立与预测

（一）销售费用投入计算

根据了解到的信息，计算未来 5 年内 A 公司在销售费用上的投入，代码及输出结果如［例 7-11］所示。

［例 7-11］

代码

```
# 初始值
x0 = 400
# 未来五年销售费用
x = [x0 + i * 30 for i in range(5)]
print(x)
```

输出结果

```
[400, 430, 460, 490, 520]
```

（二）销量预测

根据以上通过计算得到的线性回归方程及销售费用，预测 2023—2027 年 A 公司的销量变化，代码及输出结果如［例 7-12］所示。

［例 7-12］

代码

```
a = 522.6140828346515
b = 2.0875149826444677
# 定义回归函数，返回销量值
```

```
def predict_sale(x):
    y = float(a) + float(b) * x
    return int(y)
# 输出预测销量
data_predict = [predict_sale(x[i]) for i in range(5)]
print('2023～2027 年销量数据预测值为:',data_predict)
```

输出结果

2023～2027 年销量数据预测值为:[1357, 1420, 1482, 1545, 1608]

(三) 绘制图像

合并真实数据与预测数据,绘制 2018—2027 年的销量数据变化图,代码及输出结果如[例 7-13]和图 7-14 所示。

[例 7-13]

代码

```
# 得到回归分析的数据集
import pandas as pd
df_final = pd.read_csv('C:/下载/财务数据.csv', index_col=0)
data_regress = df_final[['销售费用(元)','销量(吨)']]
data_regress['销售费用(元)'] = data_regress['销售费用(元)']/10000
data_regress = data_regress.rename(columns={'销售费用(元)':'销售费用(万元)'})
# 2018 年—2022 年数据
df_real = pd.DataFrame(data_regress['销量(吨)']).iloc[::-1]
# 2023 年—2027 年数据
df_predict = pd.DataFrame(data_predict)
df_predict = df_predict.rename(columns={0:'销量(吨)'})
df_predict.index = ['2023 年','2024 年','2025 年','2026 年','2027 年']
# 合并数据集
dfs = pd.concat([df_real,df_predict])
# 绘制图像并展示
import matplotlib.pyplot as plt
plt.rcParams['font.family'] = ['Arial Unicode MS', 'Microsoft Yahei', 'SimHei',
 'sans-serif']
plt.rcParams['axes.unicode_minus'] = False
dfs.plot()
plt.show()
```

输出结果(图 7-14)

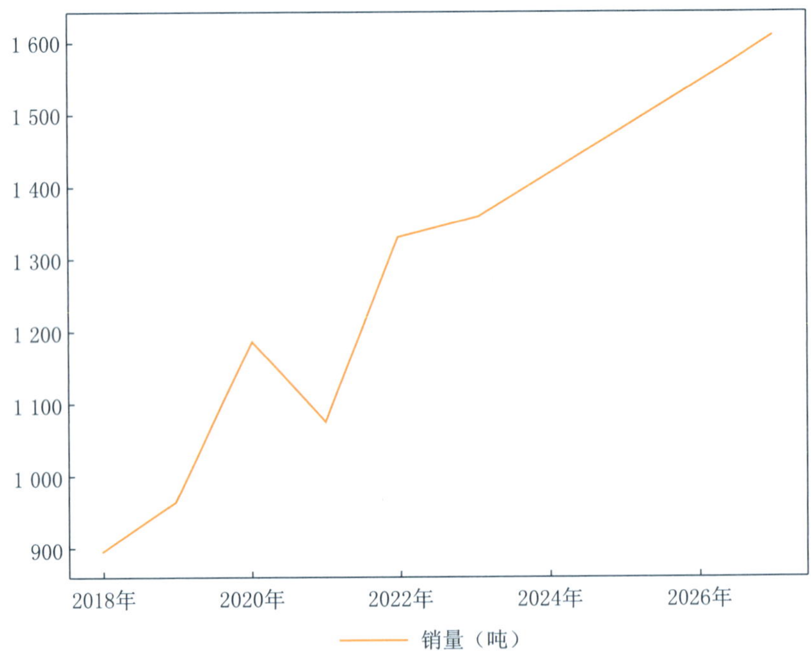

图 7-14　实际销量与预测销量折线图

图 7-14 中，前 5 个点连成的折线为实际销量，后 5 个点连成的折线为预测的未来 5 年销量，整条折线代表该企业 2018 年到 2027 年的销量变化，包括实际值与预测值，整体呈现上升趋势。

二、撰写数据分析报告

(一) 作数据分析报告的原因

数据分析报告通过对项目数据全方位的科学分析来评估项目的可行性，为投资方决策项目提供科学、严谨的依据，降低项目投资的风险，目的是把隐藏在一大批看来杂乱无章的数据信息进行集中和提炼，从而找出所研究对象的内在规律。实质上，它也是一种沟通与交流的形式，主要目的在于将分析结果、可行性建议以及其他价值的信息传递出来。

数据分析报告，是通过对收集的相关数据进行全方位科学分析后形成的可行性研究报告，可以为企业的投资、经营、战略等决策提供科学、严谨的依据，降低企业投资或经营的风险。随着大数据时代的来临，数据分析报告越来越受到欢迎。一份完整的数据分析报告，应当围绕目标确定范围，遵循一定的前提和原则，系统地反映存在的问题及原因，从而进一步找出解决问题的方法。

(二) 数据分析报告的要素

1. 数据

既然是数据分析报告，肯定离不开数据，而报告中的数据需要具备客观性、逻辑性和可解释性，同时做到重点突出。

2. 内容

完整的报告内容应该围绕目标，遵循一定的前提和原则，系统地反映行业分析的全貌，从而推动该行业的进一步发展。需要通过展开论题，对论点进行分析论证，表达报

告撰写者的见解和研究成果的核心部分，把数据能解决什么问题、怎么解决问题、解决之后带来哪些结论或影响描述清楚。

3. 观点

最后，应该对前文进行总结，表达出报告内容所支撑的结论与观点。对于好的结论描述如何做得更好或者继续保持，对于不好的结论则提出应如何改进。在此基础上，也可另外写出其他相关的建议，总之，要有明确的观点或结论输出，构成一份完整的数据分析报告。

（三）数据分析报告内容

1. 市场背景

茶叶作为一种天然的健康饮品，种类繁多，具有悠久的消费历史和广大的消费群体，我国茶叶种植及茶叶产销量也均位列世界第一。近年来，人们生活水平不断提高，对健康的重视程度日益上升，饮茶作为一种健康的生活习惯，非常符合现阶段消费者对健康和高品质生活的追求，茶叶行业也随着不断地发展，需求量逐年递增，产量也逐年增加，市场竞争日益激烈。

从我国产业内销情况来看，茶叶被越来越多的消费者所青睐，随着许多衍生产品如各种果茶等茶饮料的诞生，新生代消费群体逐渐成长为消费市场主力，是消费升级的主导力量。其消费理念鲜明，对本土品牌的接受程度较高，需求呈现出个性化、多元化等特点，愿意为产品设计、特色支付溢价。所以茶叶行业将加快自主品牌建设，优化品牌商品供给来获取竞争优势，随着头部茶叶企业品牌建设的不断完善，通过市场竞争实现优胜劣汰，未来茶叶行业的市场集中度也有望进一步提升。

在茶叶行业规模不断增长的背景下，新的企业不断加入，企业注册量日益增长，于是迫切需要对茶叶市场有初步的了解，对此，通过对上市茶企业 A 公司的研究分析当下茶叶市场情况，初步了解市场规模与市场情况。

2. 研究方法

以上市茶企业 A 公司为研究对象，了解较大规模的茶叶公司的经营状况，把握茶叶市场动向。通过网络爬虫等方式采集经营情况数据，研究企业在营业中的盈亏情况，同时对成本进行考察，了解茶企业在市场上经营的实际情况。

对市场初步认识之后，通过对影响销量的变量进行探究，研究对销量造成影响的各种人为因素，以销售费用为例，探索企业在营销、宣传、广告等方面的投入对销量产生的直接影响，以此为自变量建立一元线性回归模型，并对销量进行预测，帮助企业了解如何通过合理宣传或投资来影响销量变化和利润变化，同时进一步加深对市场情况的理解。

3. 研究结果

在样本数据较少的情况下，茶叶销量也明显随着企业投入和自然增长等因素的变化而变化。假设只考虑销售费用对销量的影响，从图 7-11 可以看出，销售费用在一定范围内增加时，销量也会随着明显增加，并且当 2027 年在销售费用中投入达到 520 万元时，预计销量超过 1 600 吨，较 2018 年增长 713 吨，十年内销量预计增长达近 80%，发展十分迅猛。

结合图 7-13 可以看出，在销售费用不断增加导致销量也不断上升时，销售费用在除营业成本之外的其余成本中占比也不断攀升，在 2022 年已经达到三分之一。在仅考虑销售费用对销量的影响时，可以看出销售费用的投入对销量产生的影响一直是正向的，即同增同减。当然，显而易见可以知道这一关系是有上限的，即当销售费用增长到一定程度时，销量不一定会随之增加，因为消费群体的规模是大致不变的，当达到市场饱和时，一味加大宣传与营销，不仅不会让销量进一步增长，还会使营业成本不断攀升，损害企业利润。这一上限则需要结合更多市场数据及对消费者规模的研究进行预测，让企业在这方面的投入有一个较合理的区间，形成健康的市场环境。

再对图 7-12 进行研究，可以看到，近几年来，A 公司的营业利润整体是在上升的，这与销量不断增长互相印证，说明该企业基本能稳定发展，同时，收入趋于上升而成本又呈现逐年降低的趋势，是值得参考的营业模式，值得进一步探究企业是如何做到成本与收入呈现负相关关系的。当然，这里只绘制了总成本的柱状图，而总成本包括了除营业成本之外，如研发、税金等方面的投入，要想验证企业是否在做到压缩成本的同时提高销量、收入进而提高利润，还需要对营业成本与营业收入、其他成本与收入或销量等更多市场数据进行更深入的研究。

在成本方面，营业成本每年占总成本基本都超过 80%，其他成本共占比不到 20%。上文提到销售费用在逐年递增，从图 7-13 同样可以明显看出。其次，企业每年也会将其他成本的 3%投入在研发上，相对来说比较稳定，在管理上也有较大的投入，对企业内部健康发展有一定的正向作用，相信这一系列数据对即将加入茶叶市场的企业家会有一定的参考意义。

4. 结论与建议

通过对 A 公司初步的数据分析可以看到，茶叶市场目前相对稳定且呈现向上发展趋势，有发展的前景和空间。同时，在销售、管理等方面 A 公司有十分值得借鉴的商业模式，决策者可以通过更深入的研究为进入该市场提供数据支持，做到在宣传管理等方面合理投入，在成本合理压缩的情况下，尽可能促进利润增长，跟随市场进步与发展，共同营造健康良好的市场氛围与企业环境。

【探讨实践】

小张想在最后绘制销量图时，用不同颜色或样式的折线来区分实际销量与预测销量，应该如何绘制？

【拓展训练】

小张结合实际情况思考，茶叶的销售情况可能也会受季节影响，呈现季节性变化，如果对销量进行拆解，从月份销量变化角度出发，如何建立模型预测未来销量？

附　录

Python 与实训平台安装手册

一、安装 Python 开发环境

（一）安装 Anaconda 与第三方库

1. 安装 Anaconda

Anaconda 是一个开源的 Python 发行版本，其包含了 conda、Python 等 180 多个科学包及其依赖项。它包括一个名为 conda 的包管理器，可以轻松安装、管理和更新 Python 包，以及创建隔离的环境来处理具有不同依赖项的不同项目。Anaconda 附带了两个交互式代码编辑器 Spyder 和 Jupyter Notebook。Jupyter Notebook 是一个基于 Web 的交互式计算环境，用于创建和共享结合了实时代码、方程式、可视化和叙述文本的文档。Anaconda 支持在 Windows、macOS、Linux 等操作系统上运行。其官网的下载页面如附图 1 所示。

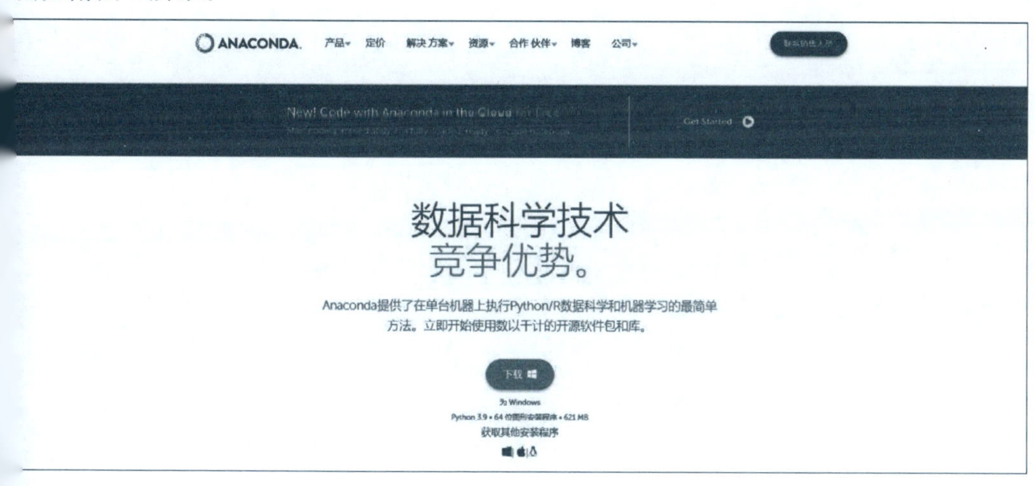

附图 1　Anaconda 官方下载页面

2. 安装第三方库

Anaconda 除了附带两个交互式代码编辑器 Spyder 和 Jupyter Notebook 之外，还附带一个命令窗口：Anaconda Powershell Prompt，在该命令窗口中可通过命令语句安装第三方库，命令语句为：“pip install 第三方库的名称”，如“pip install pyecharts”。

以安装 pyecharts 为例，打开命令窗口如附图 2 所示。

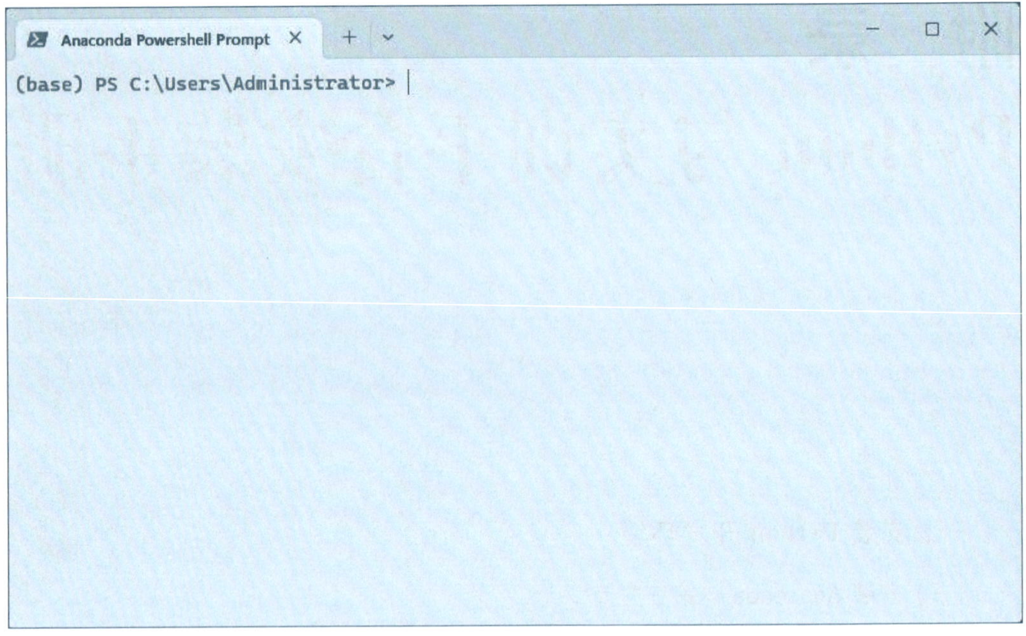

附图 2　打开命令窗口

在命令窗口中输入“pip install pyecharts”，意为“安装 pyecharts”，如附图 3 所示。确认输入内容准确无误后可按回车键即可执行该命令语句。

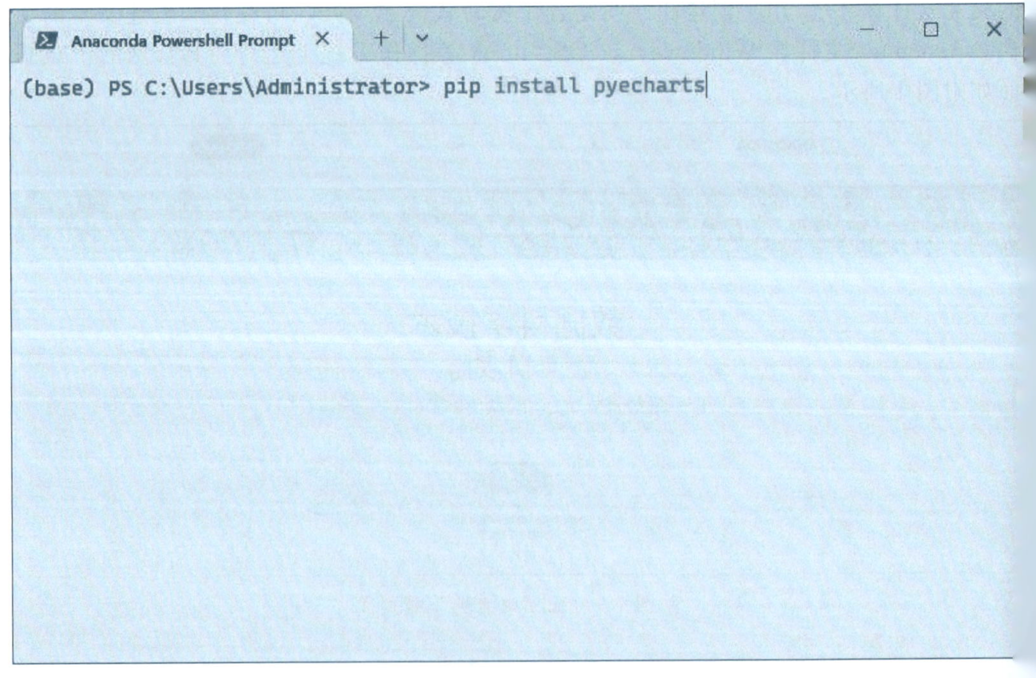

附图 3　输入命令

执行完毕后可在命令窗口中看到“Successfully installed pyecharts-2.0.2”提示，即为“成功安装 pyecharts-2.0.2 版”，如附图 4 所示。

```
Anaconda Powershell Prompt
(base) PS C:\Users\Administrator> pip install pyecharts
Defaulting to user installation because normal site-packages is not writeable
Collecting pyecharts
  Using cached pyecharts-2.0.2-py3-none-any.whl (146 kB)
Requirement already satisfied: jinja2 in d:\anaconda\lib\site-packages (from p
yecharts) (2.11.3)
Requirement already satisfied: prettytable in c:\users\administrator\appdata\r
oaming\python\python39\site-packages (from pyecharts) (3.6.0)
Requirement already satisfied: simplejson in c:\users\administrator\appdata\ro
aming\python\python39\site-packages (from pyecharts) (3.18.3)
Requirement already satisfied: MarkupSafe>=0.23 in d:\anaconda\lib\site-packag
es (from jinja2->pyecharts) (2.0.1)
Requirement already satisfied: wcwidth in d:\anaconda\lib\site-packages (from
prettytable->pyecharts) (0.2.5)
Installing collected packages: pyecharts
Successfully installed pyecharts-2.0.2
(base) PS C:\Users\Administrator> |
```

附图 4　安装成功

安装成功后即可在编写代码过程中调用该第三方库，例如，输入“import pyecharts”代码并运行以验证安装情况，若运行结果无报错，代表安装成功。

(二) 安装 PyCharm 与第三方库

1. 安装 PyCharm

PyCharm 是一种 Python IDE(Integrated Development Environment，集成开发环境)，带有一整套可以帮助用户在使用 Python 语言开发时提高其效率的工具，如调试、语法高亮、项目管理、代码跳转、智能提示、自动完成、单元测试、版本控制。该软件有专业版(Professional)和社区版(Community)，官方下载页面如附图 5 所示。

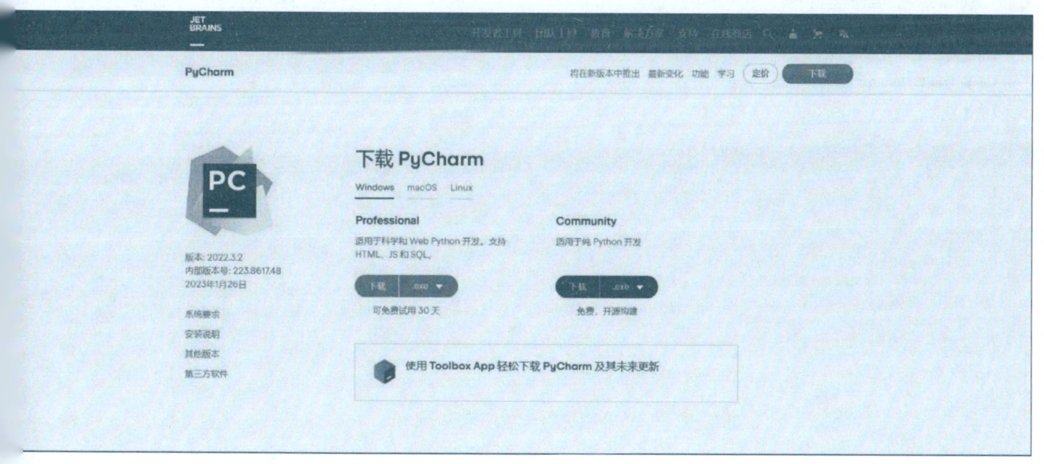

附图 5　PyCharm 官方下载页面

2. 安装第三方库

安装 PyCharm 完成后，可以直接在 PyCharm 中安装第三方库，具体操作如下：

(1) 在左上角 File(文件)中找到 Settings(设置)并进入，如附图 6 所示。

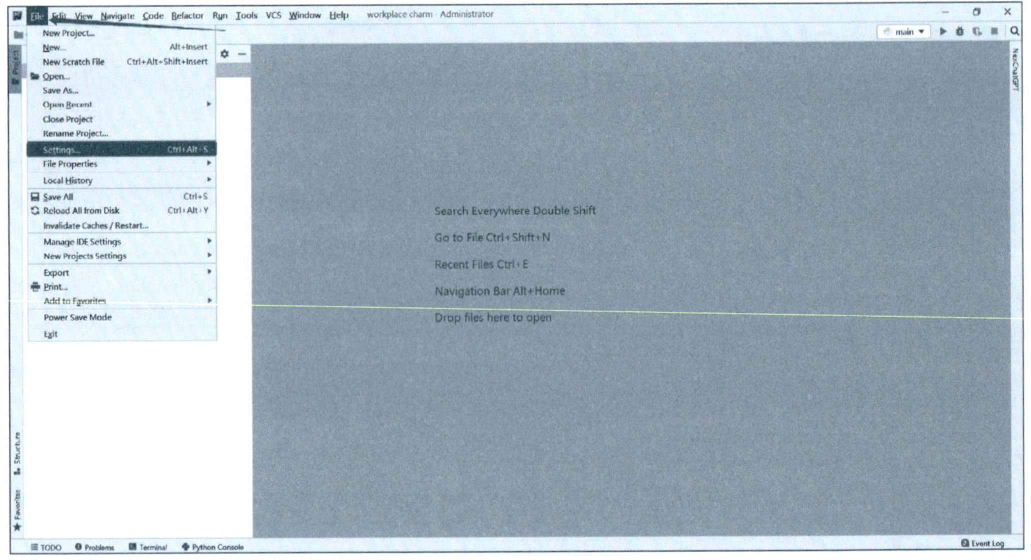

附图 6　打开设置

(2) 进入 Settings(设置)页面，找到 Project(项目)，有“Python Interpreter”(Python 解释器)和“Project Structure”(项目结构)两个选项，如附图 7 所示。

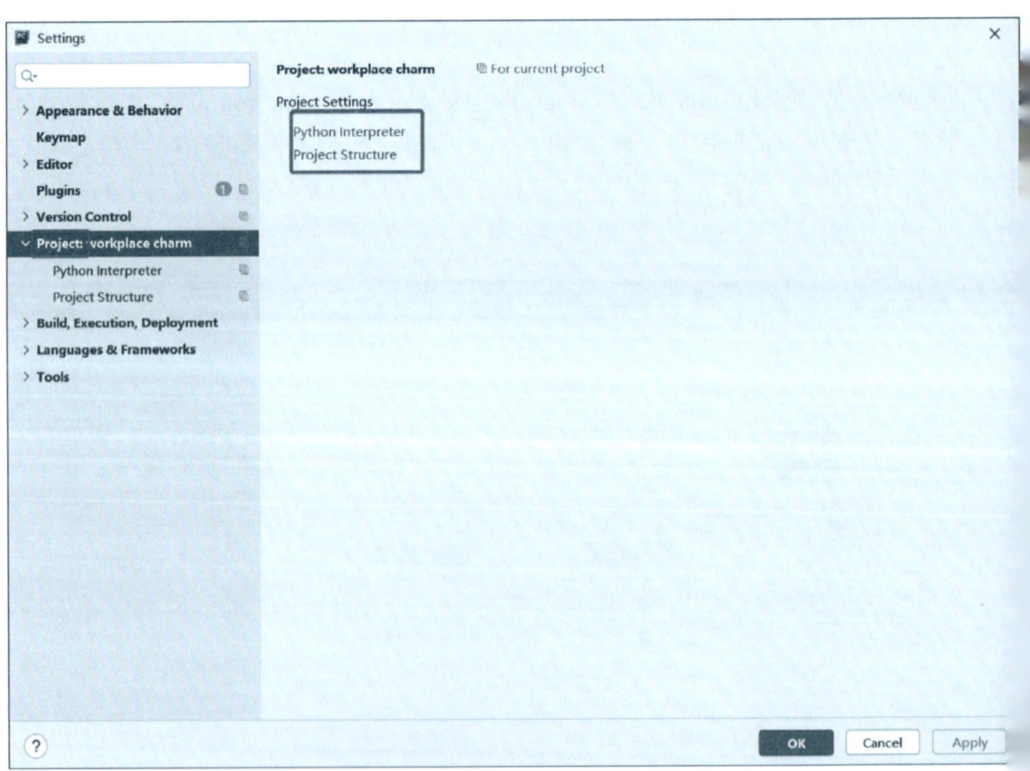

附图 7　进入项目设置

(3) 选择“Python Interpreter”(Python 解释器)进入，页面中右边 Package(库)为所在i备已安装的第三方库及版本，点击“+”号进入第三方库的搜索与安装界面，如附图 8 所示

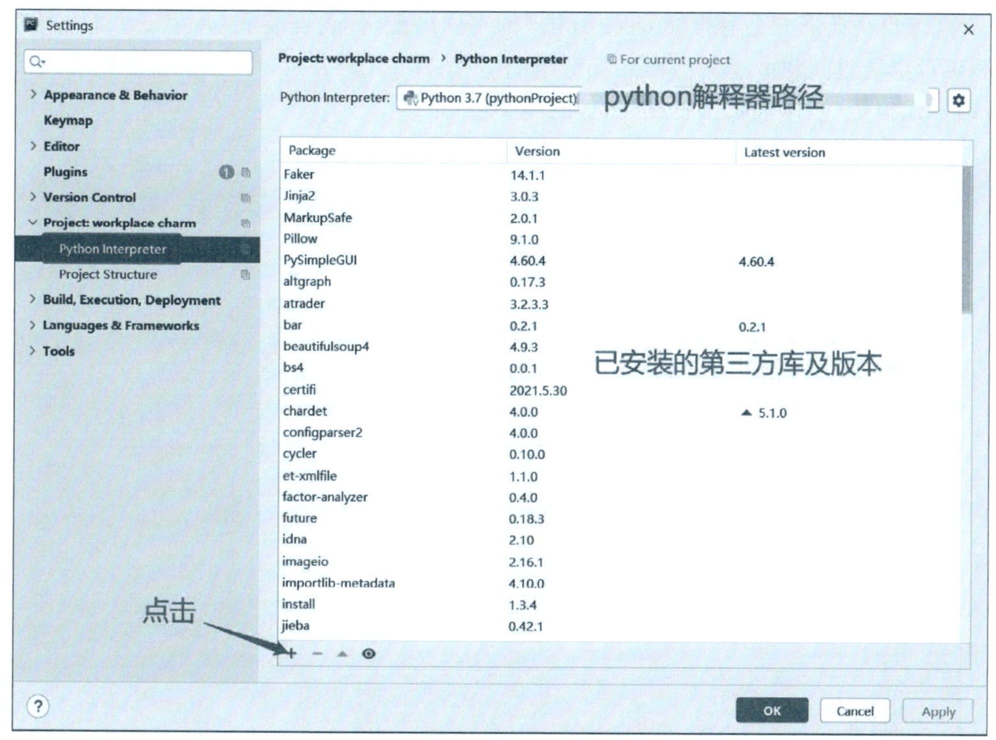

附图 8　打开 Python 解释器

（4）在搜索框中输入要安装的第三方库，以 pyecharts 为例，如附图 9 所示，搜到结果后左下角点击安装。

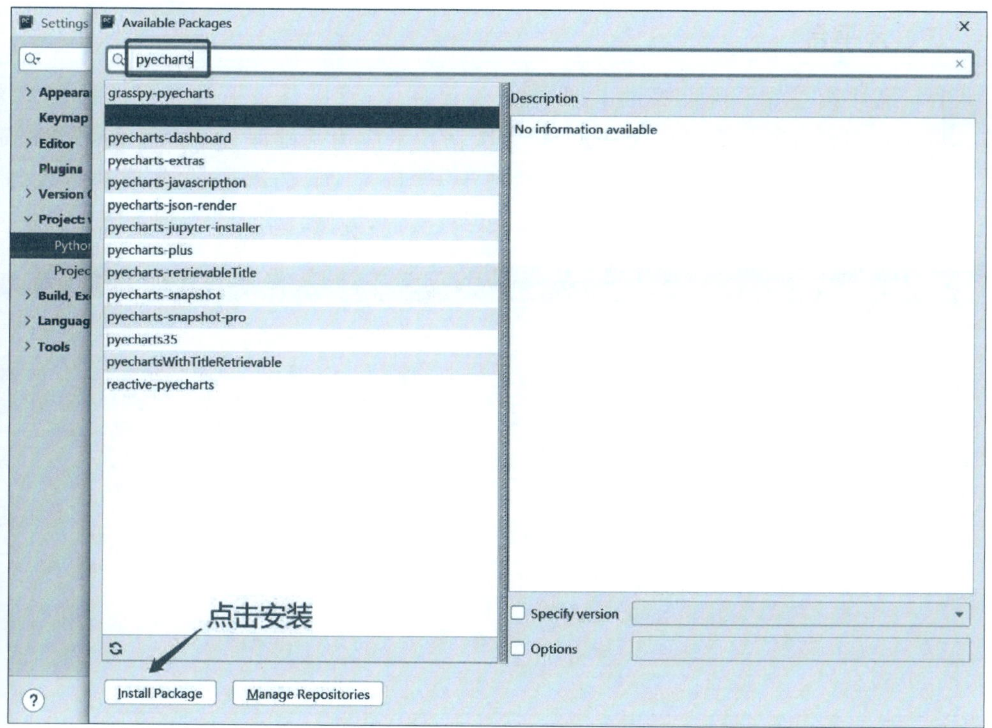

附图 9　安装 pyecharts

（5）当页面下方会有带“successfully”的字样出现，代表安装成功，第三方库安装完成，也可以通过新建 py 文件，输入“import pyecharts”代码并运行以验证安装情况，若运行结果无报错，同样代表安装成功，如附图 10 所示。

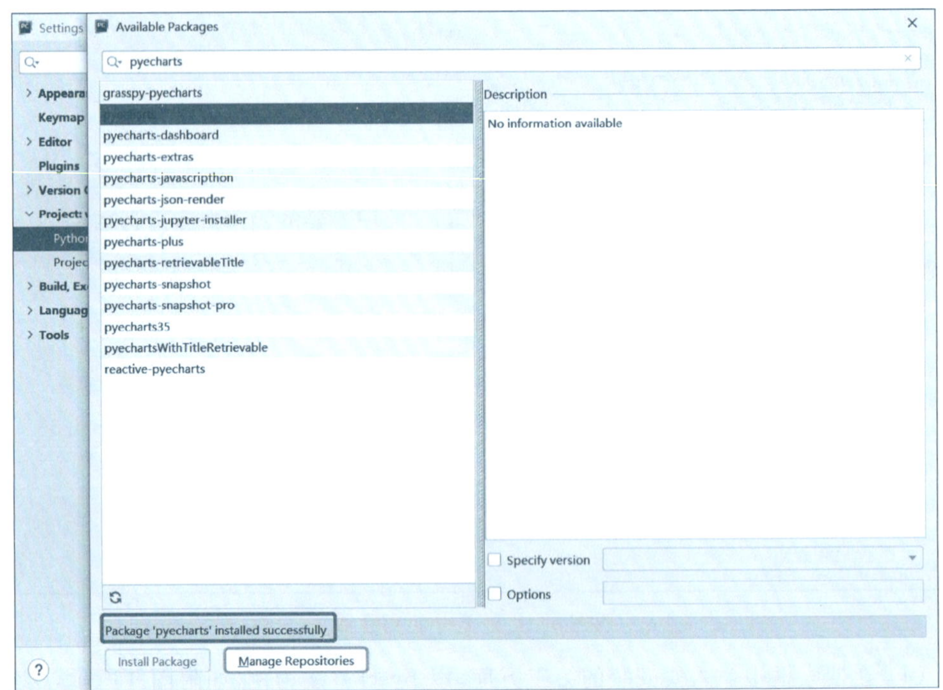

附图 10　安装成功

二、云平台

目前很多第三方平台可提供 Python 云编译环境，直接登录平台即可进行相关操作。以广州福思特科技有限公司开发的“大数据技术应用基础课程实训平台”为例，如附图 11 所示，平台内设 Python 编译环境，便于 Python 代码的编写，可实时执行代码，呈现可视化图表，下载结果数据；并辅以相关课程资源，方便教学。

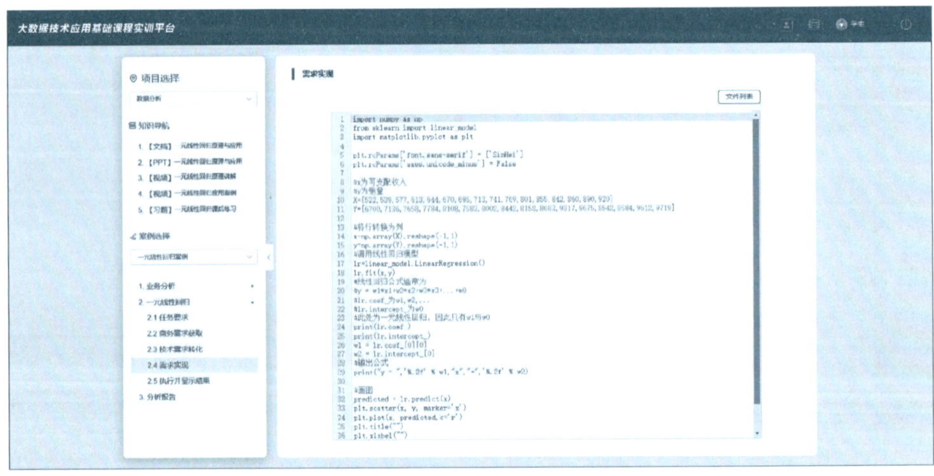

附图 11　大数据技术应用基础课程实训平台截图

三、数据中心

为避免因网站结构变化、网站反爬等导致数据采集代码失效，同时方便教学，本书中使用的网站来自广州福思特科技有限公司开发的“MICD 数据中心”，下方为数据中心页面，如附图 12 所示，选择对应模块即可进入相关网站。

附图 12　MICD 数据中心首页

四、补充代码

[例 3-25]完整代码如下：

```
import re
import pandas as pd
import requests
from bs4 import BeautifulSoup

class JDSpider(object):
    #初始化 url 属性
    def __init__(self):
        self.url = 'http://1.13.252.233:8082/fstmicd/index.aspx?pintkey=ODA='
    # 1.请求函数，得到页面，传统三步
    def get_html(self, url):
        headers = {
            'User-Agent': "Mozilla/5.0 (Windows NT 10.0; Win64; x64; rv:82.0) 
Gecko/20100101 Firefox/82.0"
        }
        response = requests.get(url=url, headers=headers)
        html = response.content.decode()
```

```
        return html
    # 2.解析网页
    def parse_html(self, html):
        soup = BeautifulSoup(html, 'lxml')
        return soup
    # 3.保存文件函数
    def save_xlsx(self, filename, data):
        data.to_excel(filename, index=False)
    # 4.入口函数
    def run(self):
        begin = 1   #起始页
        stop = 18   #终止页
        filename = "茶叶商品详情信息表.xlsx"   # 要保存的文件名，以 xlsx 结尾
        data = pd.DataFrame()
        for page in range(begin, stop + 1):   #遍历每一页得到商品 id
            if 'page' in self.url:
                start_url = self.url.split('page')[0] + f'page={page}'
            else:
                start_url = self.url + f'&page={page}'
            html = self.get_html(start_url)
            soup = self.parse_html(html)
                sonWebTags = soup.find_all('a')
                sonID = []
                for tag in sonWebTags[0:len(sonWebTags)]:
                    if 'onclick' in tag.attrs:
                        sonID.append(tag['onclick'][10:-2])
                #print(sonID)
                for id insonID:   # 遍历每个商品详情页爬取数据
                    if id ! ='':
                        #爬取商品介绍页
                        url = self.url.split('pintkey')[0] + f'pintkey=ODE
=&id={id}'
                        html = self.get_html(url)
                        soup = self.parse_html(html)
                        price = soup.find('span', id='spanPrice').text
                        goodData1 = [i.text for i in soup.find_all('span', class_
='spjj-sp')]
                        l1 = goodData1
                        #爬取规格与包装页
```

```
                            goodData2 =re.findall(r'<span>(.+?)</span>
<span class="ggbz-num" title=".+?">(.+?)</span>',
                                                     str(soup))
                            l2 = []
                            for i in goodData2:
                                l2.append(i[0] + ':' + i[1])
                            #爬取商品评价页
                            goodPercent = soup.find('h6').text
                            allComment = soup.find('i', id='comment1').text
                            goodComment = soup.find('i', id='comment2').text
                            middleComment = soup.find('i', id='comment3').text
                            badComment = soup.find('i', id='comment4').text
                            ll = []  # 将爬取的数据保存为 DataFrame 格式并
加入 data 中
                            for elements in ll + l2:
                                s =elements.split(':')
                                ll.append(s[0])
                                ll.append(s[1])
                            ll1 =ll[0::2]
                            ll2 =ll[1::2]
                            d =dict(zip(ll1, ll2))
                            d['价格'] = price[1:]
                            d['好评率'] = goodPercent
                            d['全部评价'] = allComment
                            d['好评'] = goodComment
                            d['中评'] = middleComment
                            d['差评'] = badComment
                            d['网址'] = url
                            df = pd.DataFrame(d, dtype=str, index=[0])
                            data = pd.concat([data, df], ignore_index=True)
        self.save_xlsx(filename, data)

if __name__ == '__main__':
    spider =JDSpider()  # 实例化类并调用 run 函数
    spider.run()
    print('已采集完毕! ')
```

主要参考文献

[1] 胡永胜.Power BI 商业数据分析[M].北京:人民邮电出版社,2021.
[2] 张宗霞.Python 程序设计案例教程[M].北京:机械工业出版社,2021.
[3] 王艳萍.商务数据分析与应用[M].上海:上海交通大学出版社,2020.
[4] 吴晓霞,孙斌,蔡理强.Python 开发与财务应用[M].北京:人民邮电出版社,2022.
[5] 嵩天,礼欣,黄天羽.Python 语言程序设计基础[M].北京:高等教育出版社,2017.
[6] 教育部考试中心.全国计算机等级考试二级教程 Python 语言程序设计[M].北京:高等教育出版社,2022.

编号：______________

软件授权提货单

学校和院系名称：______________________________（**需院系盖章**）

联系人：____________　联系方式：_________________

感谢贵校使用练金等编写的《大数据技术应用基础》。为便于学校统一组织教学，学校可凭本提货单向广州市福思特科技有限公司（简称“福思特”）免费申请安装基于Python语言的大数据分析虚拟仿真系统（学校每个二级学院可申请免费安装1次、40个站点以内，自安装日起免费14天使用期）。

提货方式：

1. 详细填写本提货单第一行学校和院系名称（盖院系章）及相关信息。
2. 把本提货单传真或者拍照发给高等教育出版社相关业务部门审核（联系方式见下），获得提货单编号。
3. 凭编号和院系名称，向福思特申请使用。
4. 本提货单最终解释权归福思特所有。

福思特联系方式：

客服手机：15915790554　客服座机：020-84032739　客服QQ：2393307535

高等教育出版社联系方式：

姓名：胡伟峰　手机：13761157915　座机：021-56718737

传真：021-56718517　QQ：122803063

广州市福思特科技有限公司

高等教育出版社

教学资源服务指南

感谢您使用本书。为方便教学，我社为教师提供资源下载、样书申请等服务，如贵校已选用本书，您只要关注微信公众号“高职财经教学研究”，或加入下列教师交流QQ群即可免费获得相关服务。

“高职财经教学研究”公众号

最新目录
样书申请
资源下载
试卷下载
云书展
师资培训　教学服务　教材样章

资源下载：点击“**教学服务**”—“**资源下载**”，或直接在浏览器中输入网址（http://101.35.126.6/）注册登录后可搜索相应的资源并下载。（建议用电脑浏览器操作）

样书申请：点击“**教学服务**”—“**样书申请**”，填写相关信息即可申请样书。

试卷下载：点击“**教学服务**”—“**试卷下载**”，填写相关信息即可下载试卷。

样章下载：点击“**教材样章**”，即可下载在供教材的前言、目录和样章。

师资培训：点击“**师资培训**”，获取最新会议信息、直播回放和往期师资培训视频。

联系方式

会计QQ3群：473802328　　会计QQ2群：370279388　　会计QQ1群：554729666

（以上3个会计QQ群，加入任何一个即可获取教学服务，请勿重复加入）

联系电话：（021）56961310　　电子邮箱：3076198581@qq.com

在线试题库及组卷系统

我们研发有10余门课程试题库：“基础会计”“财务会计”“成本计算与管理”“财务管理”“管理会计”“税务会计”“税法”“审计基础与实务”等，平均每个题库近3000题，知识点全覆盖，题型丰富，可自动组卷与批改。如贵校选用了高教社沪版相关课程教材，我们可免费提供给教师每个题库生成的各6套试卷及答案（Word格式难中易三档，索取方式见上述“试卷下载”），教师也可与我们联系咨询更多试题库详情。